National Competency Standards **NCS**
http://www.ncs.go.kr

헤 어 미 용 직 무 능 력 표 준 학 습 모 듈

JN447631

기본 두피모발관리 실습서

이은진 · 유세은 저

구민사 Technology Computer

머리말
PREFACE

산업현장에서 두피와 모발관리는 고객관리의 접점에서 가장 기본이 되는 상식과 지식이라고 하겠다. 헤어 스타일리스트는 고객의 두피상태와 모발상태를 먼저 체크하고 시술해야 한다. 헤어 스타일리스트로서 고객의 디자인을 완성시키기까지 전반적인 고객의 두피와 모발의 컨디션을 확인하고 스타일의 디자인을 마무리하는 것이 가장 이상적이라고 하겠다.

두피관리와 모발관리의 원리와 이론, 실습으로 구성되어져 있는 이 실습서는 워크북으로서 모발과 두피관리의 진단과 사진판독법을 실습에 적용시켜 문제점을 파악하고 대비할 수 있는 부분을 자유롭게 체크, 메모하도록 구성되어 있다.

실습서의 과정을 능동적으로 참여하다보면 스타일리스트로서 가장 기본적인 지식과 상식, 그리고 고객과의 상담스킬이 완성되어지리라 믿는다.

이 실습서가 완성될 때까지 수고해주신 디제노디에스 교육부 이준희 이사님, 이병구 원장님, 스타일리스트 박주영님 그리고 출판을 위해 적극적으로 후원해 주신 도서출판 구민사 조규백 대표님과 직원 여러분께 깊은 감사를 드립니다.

저자 씀

차례
CONTENTS

제8장 두피 경혈 마사지 • 147

제9장 스켈프 트리트먼트 • 173

제10장 헤어, 두피케어를 위한 샴푸 테크닉 • 187

BARBER

[NCS교육지원 서식 5]

NCS기반 강의계획서

<table>
<tr><td>대학
교육목표</td><td colspan="8">인성중심대학, 실무중심대학, 취업교육중심대학, 지연연계 및 국제화 중심대학</td></tr>
<tr><td>학과
교육목표</td><td colspan="8">- "바른 인성을 실천하는 행복한 뷰티전문 미용인"
- 마음씨, 말씨, 솜씨를 갖춘 사랑 가득한 종합 미용인
- 현장실무의 질적 교육과 바른 인성의 취업률 선두, 지역사회 봉사, 나아가 글로벌 교육</td></tr>
<tr><td>직무</td><td colspan="4">능력단위/책무(Duty)</td><td colspan="4">능력단위코드</td></tr>
<tr><td rowspan="2">헤어미용</td><td colspan="4">두피모발관리</td><td colspan="4">1201010112_16v2</td></tr>
<tr><td colspan="4"></td><td colspan="4"></td></tr>
<tr><td>교과목 명</td><td>두피모발관리</td><td>이수구분</td><td colspan="2">전공선택</td><td colspan="2">담당교수</td><td colspan="2"></td></tr>
<tr><td>학년/학기</td><td>1 – 1</td><td>학점</td><td colspan="2"></td><td colspan="2">시수
(이론 / 실습)</td><td colspan="2"></td></tr>
<tr><td>교과목표
(학습목표)</td><td colspan="8">- 두피와 모발관리에 필요한 기술과 지식을 배우고 두피 모발관리 실습시 필요한 제품과 기구를 사용할 수 있다.
- 두피 스켈링하기에 필요한 스틱 또는 집게가위로 각질 정리하는 강도를 조절할 수 있다.
- 모발관리의 기본적인 브러싱 방법 및 모발에 윤기와 탄력을 부여하는 제품 도포방법을 능숙하게 할 수 있다.
- 두피와 모발에 좋은 스트레칭법과 영양섭취에 대한 지식을 이해 할 수 있다.</td></tr>
<tr><td rowspan="2">교수학습방법</td><td>이론
강의</td><td>실습</td><td>발표</td><td>토론</td><td>팀
프로젝트</td><td>캡스톤
디자인</td><td>포트
폴리오</td><td>기타</td></tr>
<tr><td>0</td><td>0</td><td></td><td></td><td></td><td></td><td></td><td></td></tr>
<tr><td rowspan="2">교육장소
(시설)</td><td>일반
강의실</td><td>전용
실습실</td><td colspan="2">컴퓨터실습실</td><td colspan="2">외부
교육시설</td><td colspan="2">기 타</td></tr>
<tr><td></td><td></td><td colspan="2"></td><td colspan="2"></td><td colspan="2"></td></tr>
<tr><td rowspan="3">교재
(NCS 학습모듈)</td><td colspan="2">주교재</td><td colspan="6">모발과학 및 두피관리 실습서</td></tr>
<tr><td colspan="2">보조교재</td><td colspan="6">두피 & 탈모관리학</td></tr>
<tr><td colspan="2">참고교재</td><td colspan="6"></td></tr>
</table>

<table>
<tr><td>평가방법</td><td>

A	B	C	D	E	F	G	H	I	J	K	L	M
0								0				0

A 포트폴리오, B. 문제해결시나리오, C.서술형, D. 논술형시험, E. 사례연구, F. 평가자질문, G. 평가자, H. 피평가자 체크리스트, I. 일지/저널, J. 역할연기, K. 구두발표, L.작업장 평가, M. 기타
※ 세부내용은 평가계획서에 기술됨.</td></tr>
</table>

관련 능력단위요소/작업(Task)	수행준거	지식·기술·태도
두피모발관리 준비하기 (1201010112_16v3.1)	1.1. 두피·모발 상태 진단에 필요한 기기와 도구를 준비할 수 있다. 1.2. 문진, 시진, 촉진, 검진을 통해 고객의 두피·모발 상태를 분석할 수 있다. 1.3. 두피 유형에 따라 관리방법을 선택할 수 있다. 1.4. 모발 상태에 따라 관리방법을 선택할 수 있다. 1.5. 차회 방문 시 시술에 반영할 수 있도록 두피·모발 분석카드를 작성할 수 있다.	【지 식】 • 고객에게 신뢰감을 주는 태도 • 기기사용 및 진단분석 전문가로서의 책임감과 자부심 • 사용기기를 청결하게 관리하는 자세 【기 술】 • 두피·모발 상태 분석을 위한 기초 지식 • 두피·모발 생리에 관한 지식 • 두피·모발 유형별 관리 지식 • 두피·모발 진단기기에 대한 지식 【태 도】 • 고객 상담 기술 • 두피·모발 분석카드 작성 기술 • 두피·모발 상태 분석 기술 • 두피·모발 유형별 시술 기술 • 두피·모발 진단기 사용 기술
두피관리하기 (1201010112_16v3.2)	2.1. 두피 유형에 따라 샴푸제를 선정하여 시술할 수 있다. 2.2. 두피 유형에 따라 스케일링 제품을 선정하여 시술할 수 있다.	【지 식】 • 건강한 두피관리를 위한 영양소와 생활습관에 관한 지식 • 두피관리 제품의 특성과 사용법에 관한 지식

관련 능력단위요소/ 작업(Task)	수행준거	지식 · 기술 · 태도
두피관리하기 (1201010112_16v3.2)	2.3. 두피 스케일링 효과를 높이고 두피의 혈액순환을 돕기 위해 두피 메뉴얼 테크닉을 할 수 있다. 2.4. 영양공급과 유·수분 균형 조절을 위해 팩과 앰플을 사용할 수 있다. 2.5. 두피관리에 필요한 기기와 기구를 선택하여 사용할 수 있다.	• 두피관리에 사용되는 기기와 기구의 특성과 사용법에 관한 지식 • 두피유형에 따른 스케일링, 매뉴얼 테크닉의 효과와 시술법에 관한 지식 • 아로마테라피에 관한 지식 【기 술】 • 두피유형과 두피관리 기기의 특성별 시술 기술 • 두피유형과 두피관리 제품의 특성별 시술 기술 • 스케일링과 매뉴얼 테크닉 등의 기술 【태 도】 • 고객에게 신뢰감을 주는 태도 • 기기사용 및 시술 전문가로서의 책임감과 자부심 • 사용기기를 청결하게 관리하는 자세 • 정확한 진단을 위해 지속적으로 학습하는 의지
모발관리하기 (1201010112_16v3.3)	3.1. 모발 상태와 관리방법에 따라 샴푸제를 선정하여 시술할 수 있다. 3.2. 모발 상태와 관리방법에 따라 관리제품을 도포한 후 핸들링할 수 있다. 3.3. 영양공급과 유·수분 균형 조절을 위해 팩과 앰플을 사용할 수 있다. 3.4. 모발관리에 필요한 기기와 기구를 선택하여 사용할 수 있다.	【지 식】 • 건강한 모발관리를 위한 영양소와 생활습관에 관한 정보 • 모발관리 제품의 특성과 사용법에 관한 지식 • 모발관리에 사용되는 기기와 기구의 특성과 사용법에 관한 지식 • 아로마테라피에 관한 지식 • 헤어트리트먼트와 팩, 매뉴얼 테크닉 등의 효과와 시술법에 관한 지식

관련 능력단위요소/작업(Task)	수행준거	지식 · 기술 · 태도
모발관리하기 (1201010112_16v3.3)		【기 술】 • 모발상태와 관리 제품의 특성별 시술 기술 • 모발상태와 사용 기기의 특성별 시술 기술 • 헤어트리트먼트 매뉴얼 테크닉 【태 도】 • 고객에게 신뢰감을 주는 태도 기기사용 및 시술 전문가로서의 책임감과 자부심 • 사용기기를 청결하게 관리하는 자세 • 정확한 진단을 위해 지속적으로 학습하는 자세
두피 · 모발관리 마무리하기 (1201010112_16v3.4)	4.1. 두피 · 모발 진단기를 사용하여 시술 전 · 후의 변화를 비교하여 고객에게 설명할 수 있다. 4.2. 두피 · 모발 상태에 따라 관리에 적합한 제품을 사용하여 마무리할 수 있다. 4.3. 관리 종료 후 헤어스타일을 연출하여 마무리 할 수 있다. 4.4. 건강한 두피 · 모발상태 유지를 위한 관리법을 고객에게 설명할 수 있다.	【지 식】 • 두피 · 모발생리에 대한 지식 • 진단기 작동원리에 대한 지식 • 헤어스타일 연출 제품의 성분에 대한 지식 【기 술】 • 고객과의 커뮤니케이션 기술 • 시술 전 · 후 차이를 판단하는 능력 • 진단기 사용 기술 • 헤어스타일 연출 테크닉 【태 도】 • 고객에게 관리법을 친절하게 설명하는 자세 • 고객에게 신뢰감을 주는 태도 • 기기사용 및 분석 전문가로서의 책임감과 자부심 • 사용기기를 청결하게 관리하는 자세 • 정확한 진단을 위해 지속적으로 학습하는 의지

주차별 학습 내용

주차	관련능력 단위요소	수업내용	비 고
1	**오리엔테이션**	• 오리엔테이션을 통하여 앞으로의 수업진행 방법과 두피관리 수업시 준비물, 운영지침 및 평가 방법을 설명한다. • 두피관리학을 배우는 목적과 두피의 정의, 구조 및 기능을 설명한다.	진단평가 강의계획서 설명, 빔프로젝터
2	**진단평가**	• 두피와 모발학을 학습하고 관리법을 실습할 수 있다. • 두피진단기로 사진판독 및 스켈링도구와 기기를 활용하여 관리실습을 할 수 있다. • 두피모발관리를 위한 마사지법으로 마무리할 수 있다.	빔프로젝터, 진단평가서
3	**두피·모발관리 준비하기**	• 두피, 모발상태와 두피진단에 따른 컨디션을 분석하고 적합한 기기와 도구를 선택하여 시술할 수 있다.	빔프로젝터
4	**두피·모발관리 준비하기**	• 두피와 모발의 다양한 유형에 따른 관리법을 학습한다.	빔프로젝터
5	**두피·모발관리 준비하기**	• 고객과 상담하여 두피와 모발의 컨디션을 파악하고 기록을 남길 수 있도록 분석카드를 작성할 수 있다. • 다양한 유형의 두피에 적합한 샴푸제를 선택하여 시술할 수 있다.	빔프로젝터, 분석카드, 두피샴푸제들
6	**두피관리하기**	• 건강한 두피를 위한 유형에 따른 스케일링법을 학습하고 시술할 수 있으며 혈행을 촉진할 수 있는 두피마사지테크닉을 학습하고 시술할 수 있다.	빔프로젝터

주차	관련능력 단위요소	수업내용	비 고
7	두피관리하기	• 두피에 필요한 영양공급법과 유수분의 밸런스를 유지하기 위한 적합한 제품을 선택하여 시술할 수 있다.	빔프로젝터
8	직무수행능력 1차평가	• 직무능력에 대한 평가를 통하여 pass/fail을 통하여 항상도 평가를 볼 수 있다.	빔프로젝터
9	피드백	• 시청각수업으로 지금까지의 이론과 실습의 학습으로 모발관리법을 반복하여 학습하고 부족한 부분을 체크 할 수 있다.	빔프로젝터, 피드백평가서, 영상자료
10	모발관리하기	• 건강하고 아름다운 모발을 유지하기 위한 적합한 제품을 선택할 수 있으며 모발관리 시술 후 핸들링으로 마무리 할 수 있다.	빔프로젝터, 시술의자
11	모발관리하기	• 건강한 모발을 유지하기 위한 관리법의 이론과 실습(기기에 관한 지식)을 학습한다.	빔 프로젝터
12	직무수행능력 2차평가	• 직무능력 평가를 통하여 효율적인 모발과 두피관리 실습법에 대한 평가 pass/fail을 통하여 평가할 수 있다.	빔프로젝터
13	두피모발관리 마무리하기	• 두피모발진단기 사용법을 학습한다. • 두피모발사진 판독법을 학습하고 유형에 맞는 제품을 선택하여 관리할 수 있다.	빔프로젝터, 두피모발진단기
14	두피모발관리 마무리하기	• 두피, 모발관리 종료 후 헤어스타일 연출법 • 살롱케어 후 고객에게 모발과 두피의 홈케어법을 설명한다.	빔프로젝터
15	직무수행능력 3차평가	• 직무능력 평가를 통하여 효율적인 모발과 두피관리 실습법에 대한 평가 pass/fail을 통하여 평가 할 수 있다.	빔프로젝터
16	향상/심화학습	• 실습서의 문항의 답변 및 공란을 완성하며 모발과학 두피관리실습 후 완성도를 향상 및 심화된 실습을 하여 부족한 동작 및 지식을 보충할 수 있다.	빔프로젝터, 포트폴리오(실습서)

[NCS교육지원 서식 6]

평가 계획서

<table>
<tr><td>교과목명</td><td>두피모발관리</td><td colspan="2">담당교수</td><td></td></tr>
<tr><td>관련직무명</td><td>헤어미용</td><td colspan="2">능력단위명
(능력단위코드)</td><td>두피·모발관리
(1201010112_16v3)</td></tr>
<tr><td rowspan="6">평가개요</td><td>구 분</td><td>배 점</td><td colspan="2">평가개요</td></tr>
<tr><td>진단평가</td><td>–</td><td colspan="2">학습자가 현재 업무를 수행하는데 알고 있는 자신의 수준을 파악하기 위하여 수업 시작 전에 평가 전공능력 선행수준 파악</td></tr>
<tr><td>출석평가</td><td>20%</td><td colspan="2">–</td></tr>
<tr><td>직무능력평가 1</td><td>30%</td><td colspan="2">8주차에 진도내용 안에서 반드시 피드백 받기</td></tr>
<tr><td>직무능력평가 2</td><td>30%</td><td colspan="2">12주차에 두피스켈프관리 시술시 반드시 피드백 받기</td></tr>
<tr><td>직무능력평가 3</td><td>20%</td><td colspan="2">15주차에 두피관리, 스켈링, 샴푸법의 준비하기와 시술하기, 마무리하기의 전체적인 교육내용을 평가</td></tr>
<tr><td>평가항목</td><td colspan="4">평가내용 및 방법</td></tr>
<tr><td>진단평가</td><td colspan="4">• 평가내용 : 두피관리실습 중 두피관리업무를 수행하는데 요구되는 자신의 능력 수준을 스스로 알아볼 수 있는 체크리스트입니다. 본인이 생각하기에 아래 문항에 대한 자신의 수준이 어느 정도인지 ∨해주시기 바랍니다.
• 평가시기 : 수업시작 전
• 영역별 평가내용
<table>
<tr><td rowspan="2">평가영역</td><td rowspan="2">문 항</td><td colspan="3">자가진단</td></tr>
<tr><td>우수</td><td>보통</td><td>미흡</td></tr>
<tr><td rowspan="3">두피모발 관리준비 하기 (1201010112 _16v3)</td><td>1–1. 두피·모발 상태 진단에 필요한 기기와 도구를 준비할 수 있다.</td><td>③</td><td>②</td><td>①</td></tr>
<tr><td>1–2. 문진, 시진, 촉진, 검진을 통해 고객의 두피·모발 상태를 분석할 수 있다.</td><td>③</td><td>②</td><td>①</td></tr>
<tr><td>1–3. 두피 유형에 따라 관리방법을 선택할 수 있다.</td><td>③</td><td>②</td><td>①</td></tr>
</table></td></tr>
</table>

진단평가

평가영역	문 항	자가진단		
		우수	보통	미흡
두피모발 관리준비 하기 (1201010112_16v3.1)	1-4. 모발 상태에 따라 관리방법을 선택할 수 있다.	③	②	①
	1-5. 차회 방문 시 시술에 반영할 수 있도록 두피 · 모발 분석카드를 작성할 수 있다.	③	②	①
두피관리 하기 (1201010112_16v3.2)	2-1. 두피 유형에 따라 샴푸제를 선정하여 시술할 수 있다.	③	②	①
	2-2. 두피 유형에 따라 스케일링 제품을 선정하여 시술할 수 있다.	③	②	①
	2-3. 두피 스케일링 효과를 높이고 두피의 혈액순환을 돕기 위해 두피 메뉴얼 테크닉을 할 수 있다.	③	②	①
	2-4. 영양공급과 유·수분 균형 조절을 위해 팩과 앰플을 사용할 수 있다.	③	②	①
	2-5. 두피관리에 필요한 기기와 기구를 선택하여 사용할 수 있다.	③	②	①
모발관리 하기 (1201010112_16v3.3)	3-1. 모발 상태와 관리방법에 따라 샴푸제를 선정하여 시술할 수 있다.	③	②	①
	3-2. 모발 상태와 관리방법에 따라 관리 제품을 도포한 후 핸들링할 수 있다.	③	②	①
	3-3. 영양공급과 유·수분 균형 조절을 위해 팩과 앰플을 사용할 수 있다.	③	②	①
	3-4. 모발관리에 필요한 기기와 기구를 선택하여 사용할 수 있다.	③	②	①
두피모발 관리준비 마무리하기 (1201010112_16v3.4)	4-1. 두피·모발 진단기를 사용하여 시술 전·후의 변화를 비교하여 고객에게 설명할 수 있다.	③	②	①
	4-2. 두피·모발 상태에 따라 관리에 적합한 제품을 사용하여 마무리할 수 있다.	③	②	①
	4-3. 관리 종료 후 헤어스타일을 연출하여 마무리 할 수 있다.	③	②	①
	4-4. 건강한 두피·모발상태 유지를 위한 관리법을 고객에게 설명할 수 있다.	③	②	①

- **평가방법** : 수업 전 평가로 성적에는 반영되지 않음
  두피관리의 수행준거에 제시되어 있는 내용을 학습자가 자가 평가
- **평가시 고려사항** : 학습자가 수업을 하기 전 평가로 직무를 수행하기 위하여 수행준거를 얼마나 인지하고 있는지를 파악한다.

<table>
<tr><th>출석평가</th><th>대학의 출석관련 규정 및 지침에 따름</th></tr>
<tr><td>진단평가</td><td>

• **평가결과 활용계획** :

[평가결과]

진단영역	문항 수	점수	점수 ÷ 문항 수
두피와 모발을 이해하고 관리방법을 학습하기	2		
두피진단기로 두피상태 파악하고 적합한 스켈링법으로 기구 사용하여 관리하기	4		
두피와 모발관리를 위한 마사지법으로 마무리하기	3		
합 계	9		

※ 자신의 점수를 문항 수로 나눈 값이 '1점' 이하에 해당하는 영역은 업무를 성공적으로 수행하는데 요구되는 능력이 부족한 것으로 교육훈련이나 개인학습을 통한 개발이 필요함.

두피관리의 수행준거에 있는 내용과 관련 지식, 기술, 태도를 통하여 해당업무를 성공적으로 수행하는데 요구되는 능력의 부족한 부분을 찾고 이를 통하여 교육훈련의 개발과 개인 학습을 통한 교수학습법을 개발하고자 함.

</td></tr>
<tr><td>직무능력 평가 1</td><td>

• **관련 능력단위요소** : 두피모발관리

• **평가내용** : 두피모발관리실습의 준비하기의 수행준거를 수행할 수 있다.(고객이 불편하지 않도록 배려하는 자세) 두피모발관리의 시술하기 중 두피진단기 사용과 두피스켈프케어를 시술할 수 있다.

• **평가시기** : 8주차

• **세부평가내용**

1. 두피와 모발을 이해하고 관리방법을 학습하기

① 지식
- 고객에게 신뢰감을 주는 태도
- 기기사용 및 진단분석 전문가로서의 책임감과 자부심
- 사용기기를 청결하게 관리하는 자세

② 기술
- 두피·모발 상태 분석을 위한 기초 지식
- 두피·모발 생리에 관한 지식
- 두피·모발 유형별 관리 지식
- 두피·모발 진단기기에 대한 지식

③ 태도
- 고객 상담 기술
- 두피·모발 분석카드 작성 기술
- 두피·모발 상태 분석 기술
- 두피 · 모발 유형별 시술 기술
- 두피·모발 진단기 사용 기술

</td></tr>
</table>

<table>
<tr><td>출석평가</td><td>대학의 출석관련 규정 및 지침에 따름</td></tr>
<tr><td>직무능력 평가 1</td><td>

평가내용	평가	
	예	아니오
1.1. 두피·모발 상태 진단에 필요한 기기와 도구를 준비할 수 있다.		
1.2. 문진, 시진, 촉진, 검진을 통해 고객의 두피·모발 상태를 분석할 수 있다.		
1.3. 두피 유형에 따라 관리방법을 선택할 수 있다.		
1.4. 모발 상태에 따라 관리방법을 선택할 수 있다.		
1.5. 차회 방문 시 시술에 반영할 수 있도록 두피·모발 분석카드를 작성할 수 있다.		

• **평가방법** : 두피모발관리의 과정평가로 두피스켈프케어 준비하기의 직무를 수행하기 위한 수행준거 및 관련 지식 태도의 과정을 평가
• **평가시 고려사항**</td></tr>
<tr><td>직무능력 평가 2</td><td>
• 관련 능력단위요소 : 두피모발관리
• 평가내용 : 두피모발관리의 시술하기의 수행준거를 수행할 수 있다. (고객이 불편하지 않도록 배려하는 자세)
두피진단기로 사진을 찍고 판독할 수 있으며, 스켈링도구로 스켈프 케어시술을 할 수 있다.
• 평가시기 : 14, 15주차
• 세부평가내용
1. 두피진단기로 사진판독 및 스켈링 도구와 기기를 활용하여 관리하기
① 지식
– 건강한 두피관리를 위한 영양소와 생활습관에 관한 지식
– 두피관리 제품의 특성과 사용법에 관한 지식
– 두피관리에 사용되는 기기와 기구의 특성과 사용법에 관한 지식
– 두피유형에 따른 스케일링·매뉴얼 테크닉의 효과와 시술법에 관한 지식
– 아로마테라피에 관한 지식
② 기술
– 두피유형과 두피관리 기기의 특성별 시술 기술
– 두피유형과 두피관리 제품 특성별 시술 기술
– 스케일링과 매뉴얼 테크닉 등의 기술
③ 태도
– 고객에게 신뢰감을 주는 태도
– 기기사용 및 시술 전문가로서의 책임감과 자부심
– 사용기기를 청결하게 관리하는 자세
– 정확한 진단을 위해 지속적으로 학습하는 의지
</td></tr>
</table>

<table>
<tr><th>출석평가</th><th>대학의 출석관련 규정 및 지침에 따름</th></tr>
<tr><td>직무능력
평가 2</td><td>
<table>
<tr><th rowspan="2">평가내용</th><th colspan="2">평가</th></tr>
<tr><th>예</th><th>아니오</th></tr>
<tr><td>2.1. 두피 유형에 따라 샴푸제를 선정하여 시술할 수 있다.</td><td></td><td></td></tr>
<tr><td>2.2. 두피 유형에 따라 스케일링 제품을 선정하여 시술할 수 있다.</td><td></td><td></td></tr>
<tr><td>2.3. 두피 스케일링 효과를 높이고 두피의 혈액순환을 돕기 위해 두피 매뉴얼 테크닉을 할 수 있다.</td><td></td><td></td></tr>
<tr><td>2.4. 영양공급과 유·수분 균형 조절을 위해 팩과 앰플을 사용할 수 있다.</td><td></td><td></td></tr>
<tr><td>2.5. 두피관리에 필요한 기기와 기구를 선택하여 사용할 수 있다.</td><td></td><td></td></tr>
</table>
• 평가방법 : 두피관리의 과정평가로 두피진단기로 사진판독하고 두피 스켈프 시술하기의 직무를 수행하기 위한 수행준거 및 관련 지식 태도의 과정을 평가
• 평가시 고려사항
</td></tr>
<tr><td>직무능력
평가 3</td><td>
• 관련 능력단위요소 : 두피모발관리
• 평가내용 : 두피모발관리를 위한 마사지법으로 마무리하기의 수행준거를 수행할 수 있다.(고객이 불편하지 않도록 배려하는 자세) 두피모발관리를 위한 마사지법으로 마무리하기에서 두피와 모발상태에 따른 아로마샴푸 만들어 홈케어 관리법까지 제안할 수 있다.
• 평가시기 : 15주차
• 세부평가내용
1. 두피모발관리를 위한 마사지법으로 마무리하기
① 지식
– 두피·모발생리에 대한 지식
– 진단기 작동원리에 대한 지식
– 헤어스타일 연출 제품의 성분에 대한 지식
② 기술
– 고객과의 커뮤니케이션 기술
– 시술 전·후 차이를 판단하는 능력
– 진단기 사용 기술
– 헤어스타일 연출 테크닉
③ 태도
– 고객에게 관리법을 친절하게 설명하는 자세
– 고객에게 신뢰감을 주는 태도
– 기기사용 및 분석 전문가로서의 책임감과 자부심
– 사용기기를 청결하게 관리하는 자세
– 정확한 진단을 위해 지속적으로 학습하는 의지
</td></tr>
</table>

<table>
<tr><th>출석평가</th><th>대학의 출석관련 규정 및 지침에 따름</th></tr>
<tr><td>직무능력
평가 3</td><td>
<table>
<tr><th rowspan="2">평가내용</th><th colspan="2">평가</th></tr>
<tr><th>예</th><th>아니오</th></tr>
<tr><td>3.1. 모발 상태와 관리방법에 따라 샴푸제를 선정하여 시술할 수 있다.</td><td></td><td></td></tr>
<tr><td>3.2. 모발 상태와 관리방법에 따라 관리제품을 도포한 후 핸들링할 수 있다.</td><td></td><td></td></tr>
<tr><td>3.3. 영양공급과 유·수분 균형 조절을 위해 팩과 앰플을 사용할 수 있다.</td><td></td><td></td></tr>
<tr><td>3.4. 모발관리에 필요한 기기와 기구를 선택하여 사용할 수 있다</td><td></td><td></td></tr>
<tr><td>4.1. 두피·모발 진단기를 사용하여 시술 전·후의 변화를 비교하여 고객에게 설명할 수 있다.</td><td></td><td></td></tr>
<tr><td>4.2. 두피·모발 상태에 따라 관리에 적합한 제품을 사용하여 마무리할 수 있다.</td><td></td><td></td></tr>
<tr><td>4.3. 관리 종료 후 헤어스타일을 연출하여 마무리 할 수 있다.</td><td></td><td></td></tr>
<tr><td>4.4. 건강한 두피·모발상태 유지를 위한 관리법을 고객에게 설명할 수 있다.</td><td></td><td></td></tr>
</table>
• 평가방법 : 두피모발관리의 과정평가로 두피모발관리를 위한 마사지법으로 마무리하기의 직무를 수행하기 위한 수행준거 및 관련 지식 태도의 과정을 평가
</td></tr>
<tr><td>향상/
심화계획</td><td>평가점수가 60점 미만인 성취수준 미달자는 향상교육을 실시한 후 재평가</td></tr>
</table>

[NCS교육지원 서식 7]

교과목 명세서

교과목명	두피모발관리	능력단위명 (능력단위코드)	두피 · 모발관리 (1201010112_16v3)
직무명	헤어미용	NCS학습모듈	두피모발관리 실습서
이수구분	선택필수	이수시간/학점	
교육목표	- 두피와 모발관리에 필요한 기술과 지식을 배우고 두피모발관리 실습시 필요한 제품과 기구를 사용할 수 있다. - 두피 스켈링하기에 필요한 스틱 또는 집게가위로 각질 정리하는 강도를 조절할 수 있다. - 모발관리의 기본적인 브러싱 방법 및 모발에 윤기와 탄력을 부여하는 제품도포방법을 능숙하게 할 수 있다. - 두피와 모발에 좋은 스트레칭법과 영양섭취에 대한 지식을 이해할 수 있다.		
교육내용	두피모발 관리직무에서 기본이 되는 두피모발 스켈프케어를 수행하기 위하여 1) 두피와 모발을 이해하고 관리방법을 학습하기 2) 두피진단기로 사진판독 및 스켈링도구와 기기를 활용하여 관리하기 3) 두피모발관리를 위한 마사지법으로 마무리하기		
교수학습방법	(아래 표 참조)		

A	B	C	D	E	F	G	H
0	0					0	

a. 이론 강의, b. 실습, c. 발표, d. 토론, e. 팀프로젝트
f. 캡스톤디자인, g. 포트폴리오(학습자/교수자), h. 기타

	능력단위 요소명	수행준거	NCS 적용 여부
관련 NCS	**두피·모발관리 준비하기** (1201010112_16v3.1)	1.1. 두피·모발 상태 진단에 필요한 기기와 도구를 준비할 수 있다. 1.2. 문진, 시진, 촉진, 검진을 통해 고객의 두피·모발 상태를 분석할 수 있다. 1.3. 두피 유형에 따라 관리방법을 선택할 수 있다. 1.4. 모발 상태에 따라 관리방법을 선택할 수 있다. 1.5. 차회 방문 시 시술에 반영할 수 있도록 두피·모발 분석카드를 작성할 수 있다.	Y
	두피관리하기 (1201010112_16v3.2)	2.1. 두피 유형에 따라 샴푸제를 선정하여 시술할 수 있다. 2.2. 두피 유형에 따라 스케일링 제품을 선정하여 시술할 수 있다. 2.3. 두피 스케일링 효과를 높이고 두피의 혈액순환을 돕기 위해 두피 메뉴얼 테크닉을 할 수 있다. 2.4. 영양공급과 유·수분 균형 조절을 위해 팩과 앰플을 사용할 수 있다. 2.5. 두피관리에 필요한 기기와 기구를 선택하여 사용할 수 있다.	Y
	모발관리하기 (1201010112_16v3.3)	3.1. 모발 상태와 관리방법에 따라 샴푸제를 선정하여 시술할 수 있다. 3.2. 모발 상태와 관리방법에 따라 관리제품을 도포한 후 핸들링할 수 있다. 3.3. 영양공급과 유·수분 균형 조절을 위해 팩과 앰플을 사용할 수 있다. 3.4. 모발관리에 필요한 기기와 기구를 선택하여 사용할 수 있다.	Y
	두피·모발관리 마무리하기 (1201010112_16v3.4)	4.1. 두피·모발 진단기를 사용하여 시술 전·후의 변화를 비교하여 고객에게 설명할 수 있다. 4.2. 두피·모발 상태에 따라 관리에 적합한 제품을 사용하여 마무리할 수 있다. 4.3. 관리 종료 후 헤어스타일을 연출하여 마무리 할 수 있다. 4.4. 건강한 두피·모발상태 유지를 위한 관리법을 고객에게 설명할 수 있다.	Y

	능력단위 요소명	지식	기술	태도
지식/기술 태도	**두피·모발관리 준비하기** (1201010112_16v3.1)	- 두피·모발 상태 분석을 위한 기초 지식 - 두피·모발 생리에 관한 지식 - 두피·모발 유형별 관리 지식 - 두피·모발 진단기기에 대한 지식	- 고객 상담 기술 - 두피·모발 분석카드 작성 기술 - 두피·모발 상태 분석 기술 - 두피·모발 유형별 시술 기술 - 두피·모발 진단기 사용 기술	- 고객에게 신뢰감을 주는 태도 - 기기사용 및 진단 분석 전문가로서의 책임감과 자부심 - 사용기기를 청결하게 관리하는 자세
	두피관리하기 (1201010112_16v3.2)	- 건강한 두피관리를 위한 영양소와 생활습관에 관한 지식 - 두피관리 제품의 특성과 사용법에 관한 지식 - 두피관리에 사용되는 기기와 기구의 특성과 사용법에 관한 지식 - 두피유형에 따른 스케일링, 매뉴얼 테크닉의 효과와 시술법에 관한 지식 - 아로마테라피에 관한 지식	- 두피유형과 두피관리 기기의 특성별 시술 기술 - 두피유형과 두피관리 제품 특성별 시술 기술 - 스케일링과 매뉴얼 테크닉 등의 기술	- 고객에게 신뢰감을 주는 태도 - 기기사용 및 시술 전문가로서의 책임감과 자부심 - 사용기기를 청결하게 관리하는 자세 - 정확한 진단을 위해 지속적으로 학습하는 의지
	두피·모발관리 마무리하기 (1201010112_16v3.4)	- 건강한 모발관리를 위한 영양소와 생활습관에 관한 정보 - 모발관리 제품의 특성과 사용법에 관한 지식 - 모발관리에 사용되는 기기와 기구의 특성과 사용법에 관한 지식 - 아로마테라피에 관한 지식 - 헤어트리트먼트와 팩, 매뉴얼 테크닉 등의 효과와 시술법에 관한 지식	- 모발상태와 관리 제품의 특성별 시술 기술 - 모발상태와 사용기기의 특성별 시술 기술 - 헤어트리트먼트 매뉴얼 테크닉	- 고객에게 신뢰감을 주는 태도 - 기기사용 및 시술 전문가로서의 책임감과 자부심 - 사용기기를 청결하게 관리하는 자세 - 정확한 진단을 위해 지속적으로 학습하는 자세

	능력단위 활용		미 활용	
장비 및 도구	- 집게가위와 우드스틱 - 핀셋, 브러쉬, 꼬리빗 - 두피와 모발 스켈프제품 - 아로마에센셜 오일	- 가운, 타올, 크리닉어깨보 - 미용의자와 거울 - 미스트기, 두피진단기, 헤어드라이기		

평가방법

A	B	C	D	E	F	G	H	I	J	K	L	M
0								0				0

A. 포트폴리오, B. 문제해결시나리오, C. 서술형, D. 논술형시험, E. 사례연구, F. 평가자질문, G. 평가자, H. 피평가자 체크리스트, I. 일지/저널, J. 역할연기, K. 구두발표, L. 작업장평가, M. 평가

교육정보

- 두피모발관리학, 두피 관련 참고도서
- 두피관리협회(IAT) 비디오, DVD 등의 시청각 자료

학습 형태별 소요시간	강의	실습	평가	개별지도	개인학습	합 계
	15	15	10	3	2	45

[NCS교육지원 서식 9]

진단 평가서

담당교수		교과목명	두피모발관리
학 번		능력단위명 (능력단위코드)	두피모발관리
이 름			(1201010112_16v3)
평가일자			

영역 (능력단위요소)	진단문항	자가진단		
		우수	보통	미흡
두피·모발관리 준비하기 (1201010112_16v3.1)	1-1. 두피·모발 상태 진단에 필요한 기기와 도구를 준비할 수 있다.	③	②	①
	1-2. 문진, 시진, 촉진, 검진을 통해 고객의 두피·모발 상태를 분석할 수 있다.	③	②	①
	1-3. 두피 유형에 따라 관리방법을 선택할 수 있다.	③	②	①
	1-4. 모발 상태에 따라 관리방법을 선택할 수 있다.	③	②	①
	1-5. 차회 방문 시 시술에 반영할 수 있도록 두피·모발 분석카드를 작성할 수 있다.	③	②	①
두피관리하기 (1201010112_16v3.2)	2-1. 두피 유형에 따라 샴푸제를 선정하여 시술할 수 있다.	③	②	①
	2-2. 두피 유형에 따라 스케일링 제품을 선정하여 시술할 수 있다.	③	②	①
	2-3. 두피 스케일링 효과를 높이고 두피의 혈액순환을 돕기 위해 두피 매뉴얼 테크닉을 할 수 있다.	③	②	①
	2-4. 영양공급과 유·수분 균형 조절을 위해 팩과 앰플을 사용할 수 있다.	③	②	①
	2-5. 두피관리에 필요한 기기와 기구를 선택하여 사용할 수 있다.	③	②	①

영역 (능력단위요소)	진단문항	자가진단		
		우수	보통	미흡
모발관리하기 (1201010112_16v3.3)	3-1. 모발 상태와 관리방법에 따라 샴푸제를 선정하여 시술할 수 있다.	③	②	①
	3-2. 모발 상태와 관리방법에 따라 관리제품을 도포한 후 핸들링할 수 있다.	③	②	①
	3-3. 영양공급과 유·수분 균형 조절을 위해 팩과 앰플을 사용할 수 있다.	③	②	①
	3-4. 모발관리에 필요한 기기와 기구를 선택하여 사용할 수 있다.	③	②	①
두피·모발관리 마무리하기 (1201010112_16v3.4)	4-1. 두피·모발 진단기를 사용하여 시술 전·후의 변화를 비교하여 고객에게 설명할 수 있다.	③	②	①
	4-2. 두피·모발 상태에 따라 관리에 적합한 제품을 사용하여 마무리 할 수 있다.	③	②	①
	4-3. 관리 종료 후 헤어스타일을 연출하여 마무리 할 수 있다.	③	②	①
	4-4. 건강한 두피·모발상태 유지를 위한 관리법을 고객에게 설명할 수 있다.	③	②	①

[진단결과]

능력단위요소	문항 수	합계점수	평균점수
1) 두피와 모발을 이해하고 관리방법을 학습하기	2		
2) 두피진단기로 사진판독 및 스켈링 도구와 기기를 활용하여 관리하기	6		
3) 두피모발관리를 위한 마사지법으로 마무리하기	4		

※ 우수는 3점, 보통은 2점, 미흡은 1점으로 계산

CHAPTER

01 [1주 오리엔테이션, 2주 진단평가]

두피

두피란

두피는 피부의 일부분으로 비슷한 구조를 가지고 있으나 특징적으로 다른 부분의 모낭보다 복잡하고 피지선이 많으며, 신체를 감싸는 다른 외피보다 혈관과 모낭이 많이 분포되어 있다. 진피층에는 모세혈관이 분포되어 있어 두부의 외상에 의해 출혈이 발생하며, 조밀한 신경분포를 통해 머리카락을 통한 감각을 느낄 수 있게 한다.

두피는 세 개의 층으로 구성되어 있다. 동맥, 정맥, 신경들이 분포한 외피와 두개골을 둘러싼 근육과 연결된 신경조직인 두개피, 얇고 지방층이 없고 이완된 두개 피하조직으로 이루어져 있다.

두피란 두상부위의 표면을 둘러싸고 있으며, 외부의 물리적 자극 및 충격, 화학적 변화로부터 완충시켜 두상부위 안쪽부분을 유지하고 보호하는 것을 말한다.

두피의 구조

두피는 크게 표면에서부터 표피, 진피, 피하지방층으로 나뉜다.

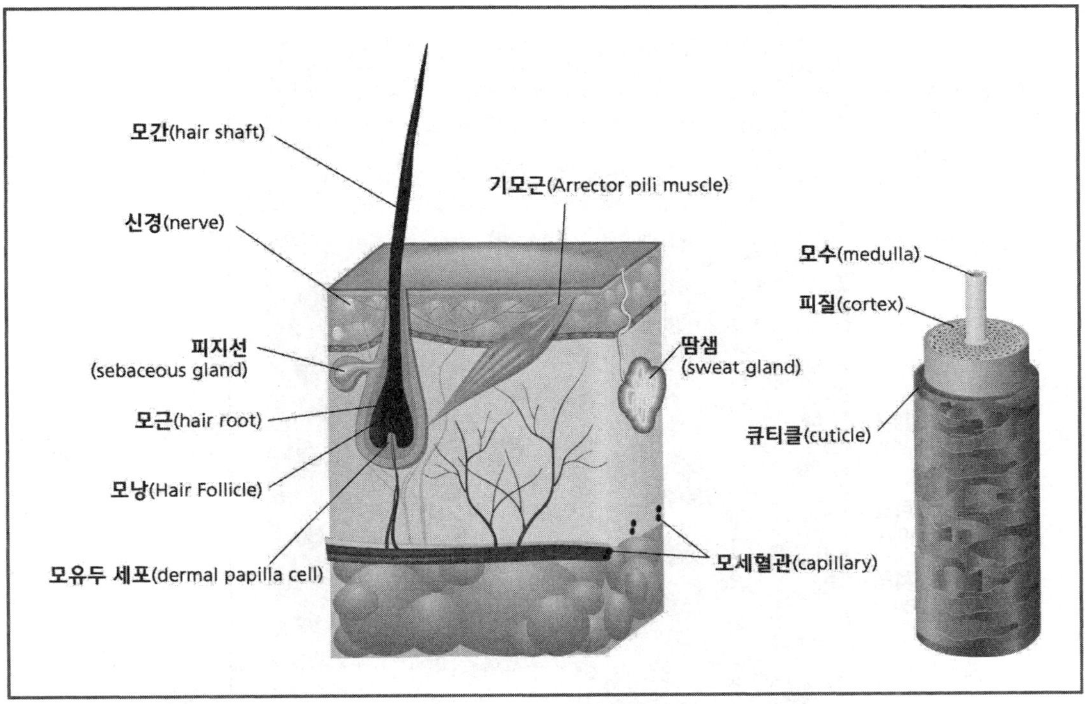

[그림 1-1 ➤ 두피의 구조]

❶ 표피

1) 표피의 구성세포

① 케라티노사이트(Keratinocyte)
② 멜라노사이트(Melanocyte)
③ 랑게르한스셀(Langerhans cell)
④ 머켈셀(Merkel cell)

2) 표피의 구조

표피층은 각질층, 투명층, 과립층, 유극층, 기저층으로 세분화된다.

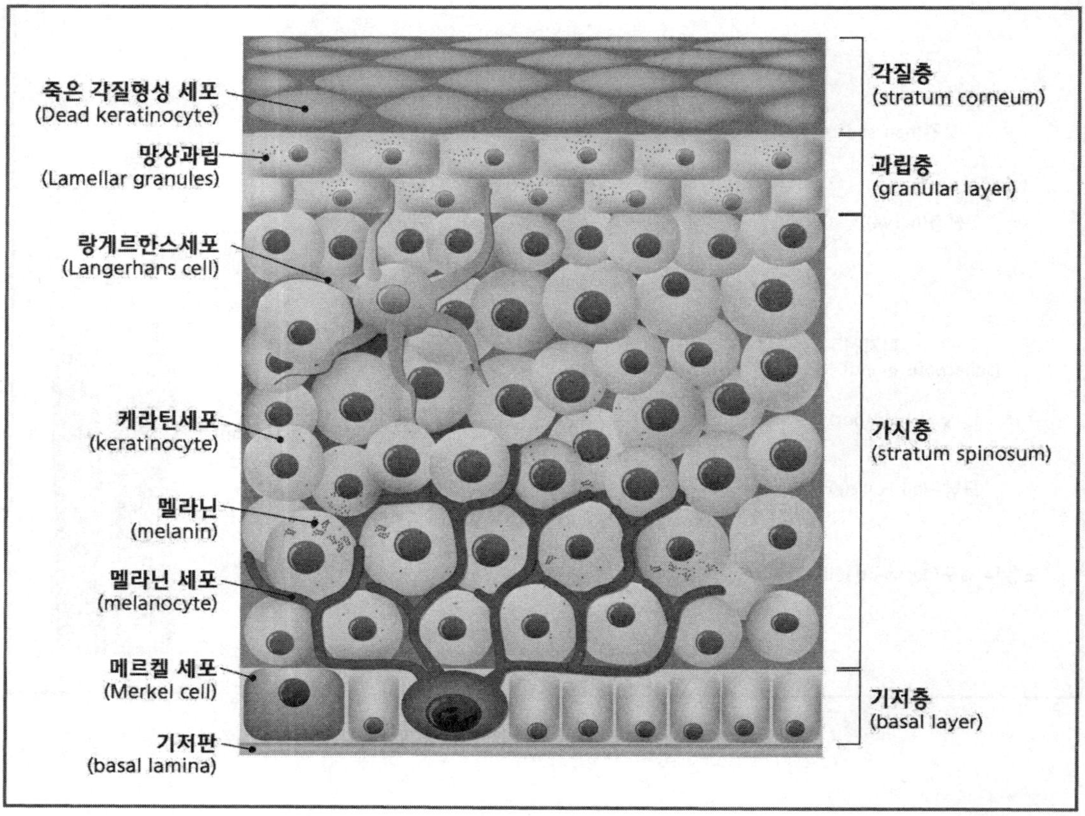

[그림 1-2 ➤ 각질층]

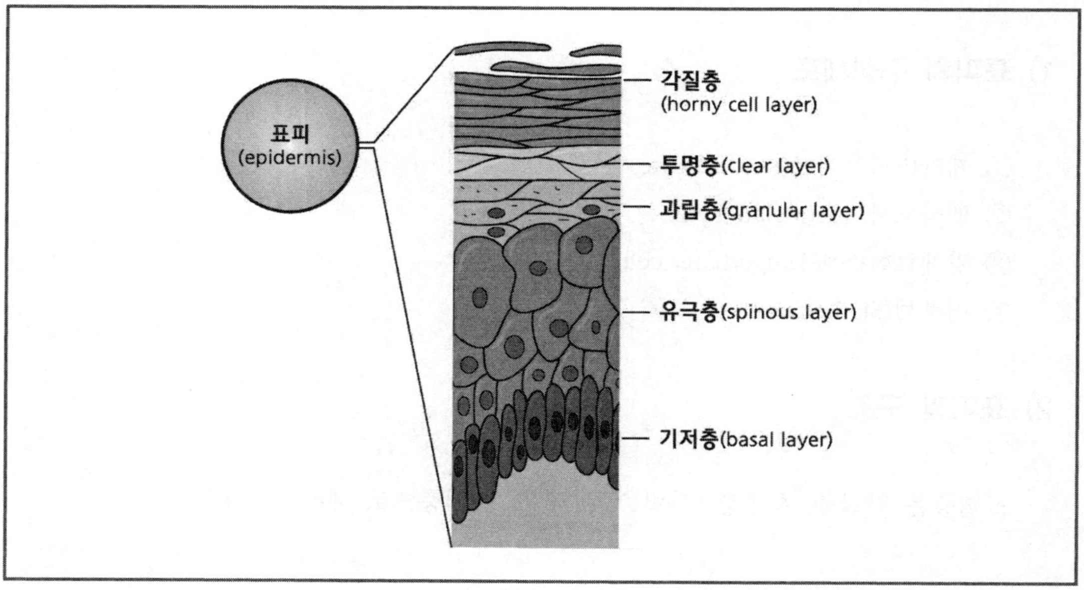

[그림 1-3 ➤ 표피의 구조]

표피의 구조

(1) 각질층(horny layer)

피부의 가장 바깥부분에 위치하며 방어 및 보호역할(세포 침입을 막아주는 역할)을 하며 핵이 없는 평평한 세포가 10~20층으로 생선의 비늘처럼 겹쳐져 있어서 비늘층이라고도 한다. 죽은 세포, 즉 각화된 산화물로 되어있어 스켈링, 클렌징, 마사지 등의 마찰에 의해 매일 떨어져 나간다. 천연보습인자(NMF : Natural Moisturizing)가 존재하여 약 15% 정도의 기본 수분함량을 가지고 있다. 또한 피지막을 형성시켜 피부내부조직을 보호하며 두피관리 시 직접 손이 닿는 부분이기도 하다.

(2) 투명층(clear layer)

핵이 없는 세포층(편평무핵)으로 엘라이딘이 유상으로 녹아 노란색의 반고형의 상태를 이루고 3~4층의 생명력이 없는 각화세포로 구성되어 있으며 특히 손바닥, 발바닥에 다수 존재하고 있다.

(3) 과립층(granular layer)

2~5층의 납작한 과립세포로 구성되어 있으며 Barrier zone이 존재해 수분유실을 막아주고 이물질의 침투로부터 두피를 보호하지만, 두피관리시에는 제품의 흡수가 방해되기도 하다.

(4) 유극층(Spinous layer)

표피층 중 가장 두꺼운 층으로 가시돌기 형태의 유극세포가 존재해서 가시층이라고도 한다. 세포 사이로 림프액이 흐르기 때문에 림프마사지가 이루어질 수 있는 영역이 되며 세포 간 상호작용이 잘 이루어지고 있다.

(5) 기저층(Basal layer)

핵이 있는 방추형 세포층으로 진피와 접촉하며 표피 발생 근원지이다.
케라티노사이트(Keratinocyte)와 멜라노사이트(Melanocyte)가 존재하고 자외선의 진피층 내 침투를 막아준다. 기저층 아래에는 기저막이 존재하고 있어 외부자극 및 인체변화에 영향을 받아 각질의 각화주기를 형성한다.

각화과정

기저세포층에서 과립세포층까지 중심에 핵을 가지고 있지만 각질세포가 되면 무핵으로 변한다. 각질세포로 바뀌어 핵이 없어지는 현상을 각화(Keratinization)라고 한다. 두피는 세포분열을 반복해가며 일정한 주기에 따라 각화과정을 거치게 되는데 이때 각화과정은 두피과정은 두피 표면의 피부 각화현상과 두피 내의 모낭에서 발생하는 모발의 성장으로 나눌 수 있다.

(1) 두피 표면에서의 피부 각화과정(빨리 변천하는 세포주기)

기저층에서 만들어진 세포는 다음에 생성된 새 세포에 의해 피부의 표면을 향해 이동해 나가며 차차 세포의 모양이 바뀌고 수분 손실량도 커진다.

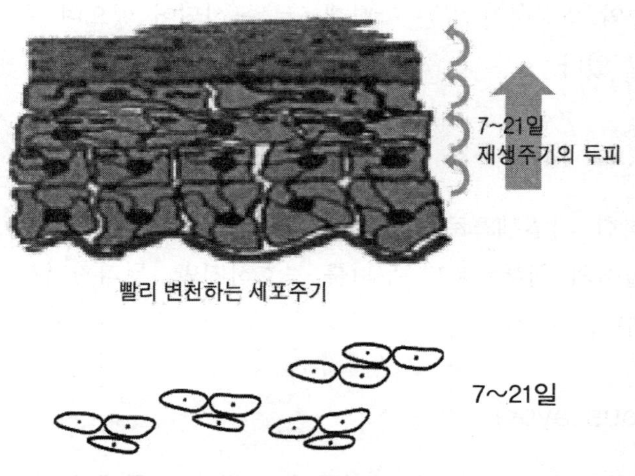

[그림 1-4 ➤ 두피 표면에서의 피부 각화과정(빨리 변천하는 세포주기)]

(2) 두피 표면에서의 피부 각화과정(건강세포 생장주기)

기저층→과립층→각질층의 형태로 변하며 약 28일 주기로 새로운 상피세포가 생성되면 Scalp Care는 약 56일 정도 걸린다.

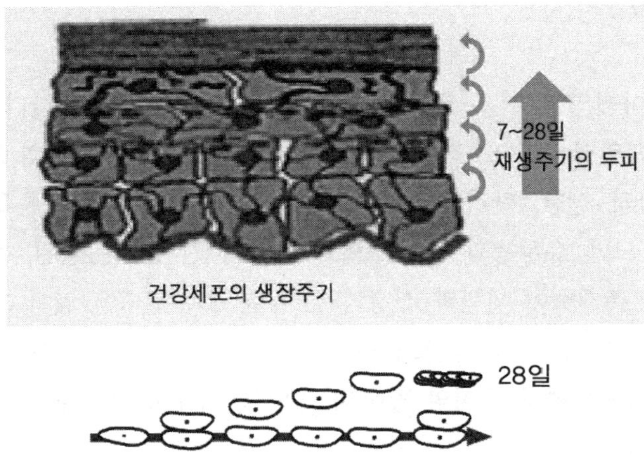

[그림 1-5 ➤ 두피 표면에서의 피부 각화과정(건강세포 생장주기)]

(3) 모낭에서의 모발발생

모발은 모유두의 모모세포가 영양분을 흡수하여 세포분열이 일어난다. '모발이 자란다.'라는 의미는 모발의 각화과정으로 보는데 이는 모모세포의 분열로 인해 위로 밀려올라간 세포가 수분을 감소시켜 점차 딱딱해지는 것을 말한다.

모발은 모발 자체가 성장하는 것이 아니라 두피 내의 모구가 밑에서부터 각화과정을 통해 밀려 올라오는 것이라 볼 수 있다.

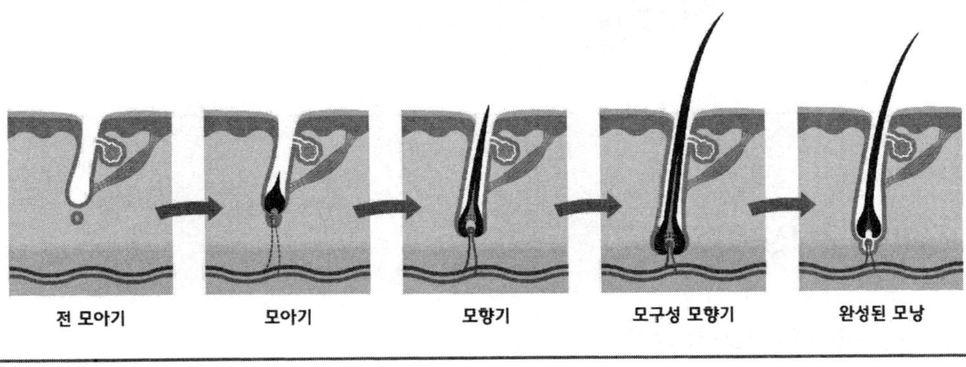

[그림 1-6 ➤ 모낭에서의 모낭발생]

2 진피(Dermis)

진피는 표피 아래의 두꺼운 층으로 피부의 90% 이상을 차지한다. 젤리같은 빽빽하고 불규칙한 치밀섬유결합조직으로 구성되었으며, 표피층 두께의 20~40배 정도이며 피부의 팽팽함과 강함, 탄력을 주며 수분을 많이 함유하고 체온을 유지시켜준다. 상층으로부터 크게 유두층과 망상층으로 나뉘며 진피에는 혈관, 림프관, 근육, 신경 등이 진피층에 존재하여 혈관과 신경의 끝 부분이 분포되어 있어 모낭 주위의 압박과 고통을 느끼게 한다. 따라서 모발의 근원인 모낭이 이곳에서 발생하며 성장하기 때문에 진피층은 문제성 두피와 탈모의 원인을 이해하는데 중요하다.

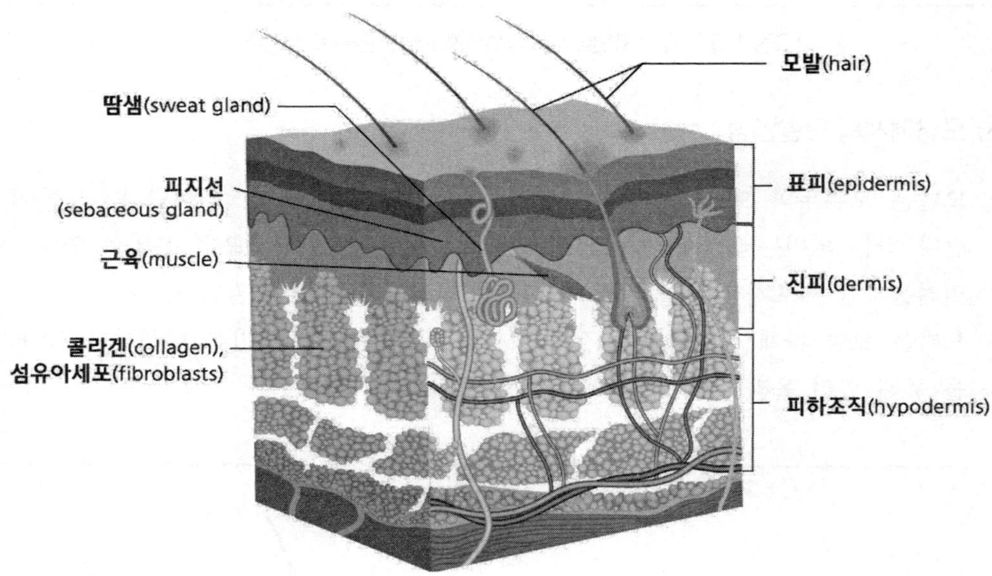

[그림 1-7 ➤ 진피]

1) 진피의 구성성분

(1) 교원섬유(Collagen fiber)

콜라겐은 진피성분의 90%를 차지하는 단백질이며 섬유아세포부터 생성되고 재생되며 진피에 인장강도를 주는 역할을 하며 피부를 자외선으로부터 보호하고 피부의 주름을 예방하는 수분보유원으로 물리적·화학적 자극에 대한 방어작용을 한다.

(2) 탄력섬유(Elastic fiber)

진피에 있는 섬유 중 비교적 적은 부분을 차지하며 피부의 탄력을 결정짓는 중요한 요소이다.

(3) 기질물질(Ground Substance)

진피의 결합섬유 사이를 채우고 있는 물질을 기질물질이라 한다. 진피의 0.1~0.2% 차지하며 기질은 주위의 다른 조직을 지지하면서 결체조직 대사와 염분, 수분의 균형에 관여한다.

2) 진피의 구조

(1) 유두층(Papillary Layer)

기저세포층 아래 진피층 상부로 불규칙적인 섬유결합조직의 경계가 불분명한 배열로 되어 있으며 피부 내 영양공급 및 체온 조절을 해주며 모발의 생성상태 등을 알 수 있고, 피부탄력 및 노화 정도에 관여한다.

(2) 망상층(Reticular Layer)

그물모양을 띠며 하부 진피층에 위치하나 유두층과는 뚜렷한 구분은 없다. 콜라겐과 엘라스틴 등으로 구성되어 있고 피부표면과는 평행구조를 이룬다.

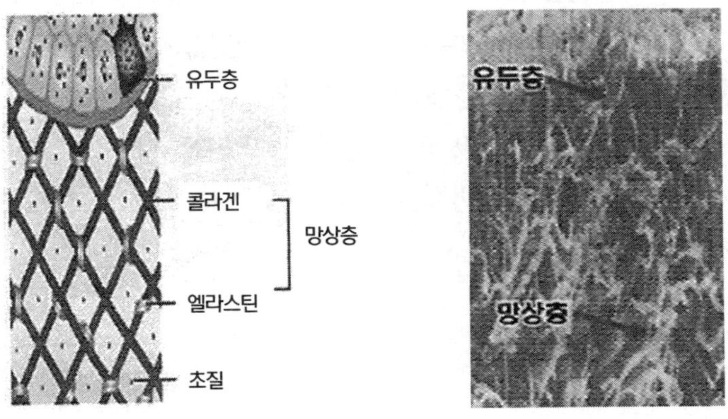

[그림 1-8 ➤ 진피의 구조]

3) 진피 내 존재하는 기관

① 모낭은 털을 감싸고 있는 주머니를 말한다.
② 피지선은 모낭의 옆에 존재하며 피지를 분비해서 모발을 윤택하게 해준다.
③ 한선은 땀 분비로 인해 체온조절 기능을 한다.
④ 모유두는 모세혈관과 자율신경신경이 연결되어 있어 털의 성장과 영양에 관여한다. 모세혈관으로부터 영양분을 공급받아 모모세포에 전달한다.
⑤ 입모근는 털을 세우는 근육으로 털세움근이라고 한다.
⑥ 동맥은 산소와 영양분을 공급한다.
⑦ 정맥은 각 세포에 있는 이산화탄소, 노폐물을 심장으로 보내는 역할을 한다.
⑧ 신경은 체내 전 부위에 연결되어 있다.

4) 중요 구성세포

모모세포는 아래 부위에 모유두와 접하고 있어, 모유두로부터 영양을 공급 받아 왕성한 세포분열을 하는 곳이다.
① **케라티노사이트(Keratinocyte)** : 케라틴 합성세포
② **멜라노사이트(Melanocyte)** : 모발의 색을 결정짓는 멜라닌 색소를 만드는 세포

3 피하지방조직

피하 지방조직은 피부조직의 최하층으로 여분의 지방저장소로 체온을 유지시켜주는 역할을 한다. 원래 피하지방은 쿠션 같은 역할로 충격을 완화시켜줌과 동시에 피하지방층 아래의 뼈와 근육을 보호해 준다.
여성과 아동에 발달이 되어 있고 여성의 경우 피하지방이 발달하면 몸의 선이 둥글고 곡선미가 있다. 그에 비해 피하조직이 적을 경우에는 피부의 아래 근육과 뼈의 형태가 드러나게 된다.

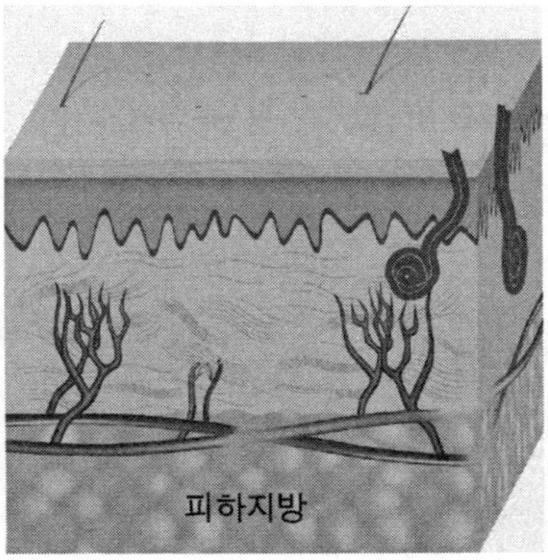

[그림 1-9 ➤ 피하지방 조직]

두피의 기능

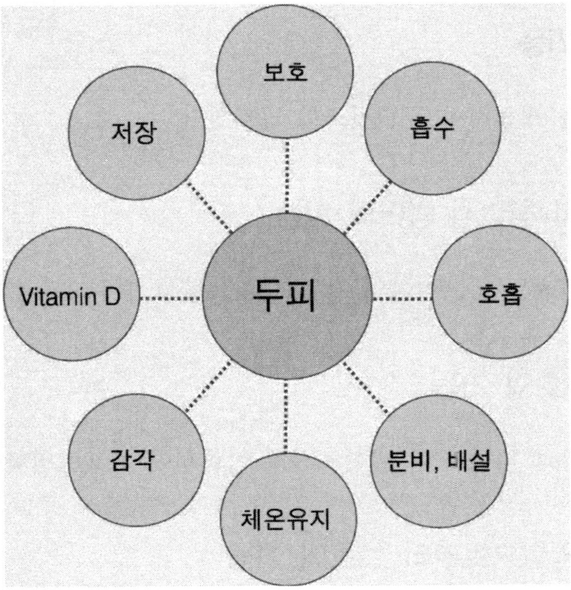

1 보호의 기능

두피의 기능 중 제일 중요한 기능이 보호의 기능이다. 물리적·화학적 작용으로부터 두피를 보호한다.

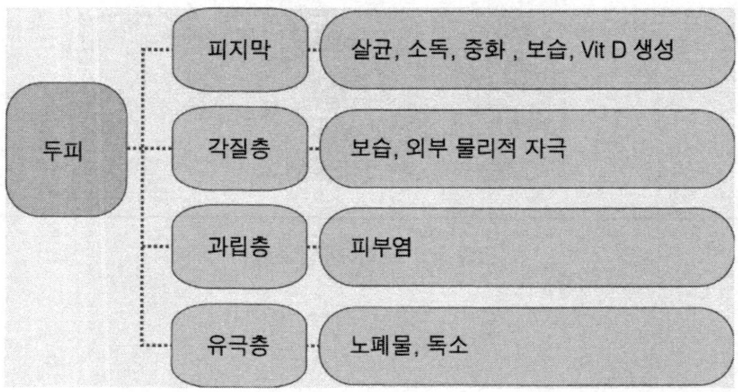

1) 광선으로부터 보호의 기능

멜라닌 색소와 표피의 투명층은 두피에 해가 되는 광선으로부터 두피를 보호한다.

2) 증발 조절의 기능

두피에 피지막을 형성하여 두피건조를 방지한다.

3) 세균, 미생물의 침입시 방어의 기능

두피표면의 산성막은 박테리아의 감염과 미생물의 침입으로부터 두피를 보호한다.

4) 마찰로부터 보호의 기능

각질층의 단단함과 피하조직, 결합조직의 탄력성이 스프링역할을 하여 보호해준다.

5) 날씨에 대한 영향으로부터 보호의 기능

급격한 날씨의 변화에 따라 피지막을 형성하여 두피를 매끄럽게 한다.

❷ 흡수기관으로서의 기능

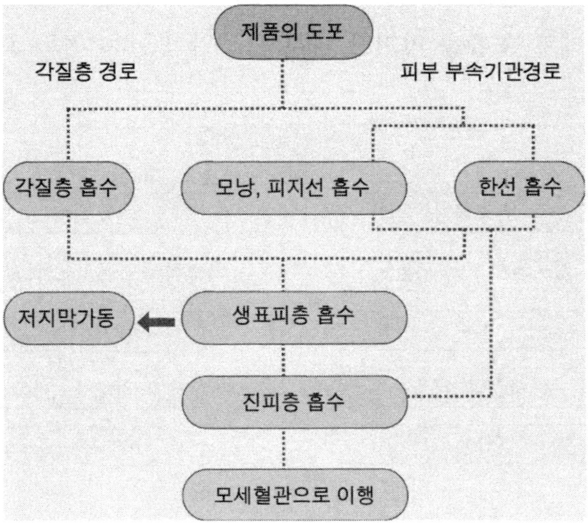

제품 도포시 각질층의 경로와 피부부속기관을 통하여 흡수가 이루어지는데, 흡수가 쉽지는 않다.

모공과 한공 등 피부부속기관을 통한 흡수인 경우는 유효 성분이 진피층까지 투입될 수 있다[**모공**(C) **>** **한공**(B) **>** **표피**(A)].

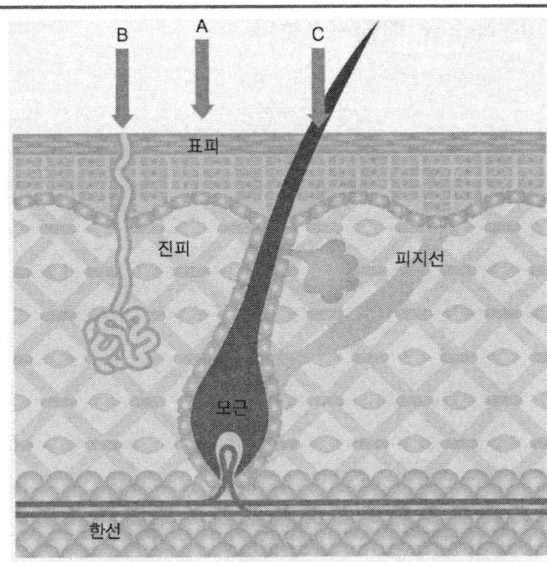

[**그림 1-10** ➤ 제품의 흡수경로]

3 호흡의 기능

대부분 인체는 폐로 호흡을 하지만 피부로도 약 1~3% 정도 호흡을 한다.

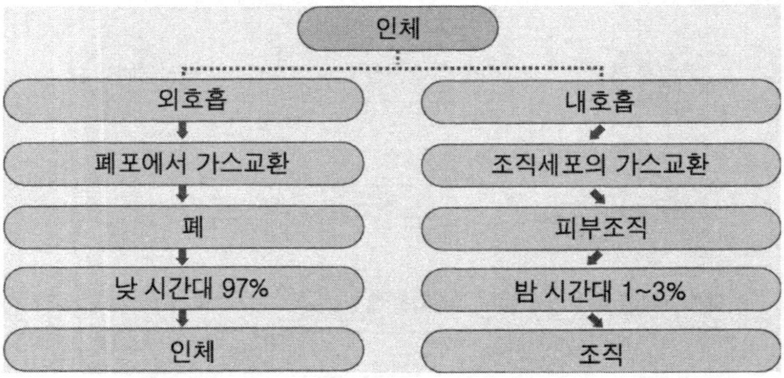

4 분비, 배설의 기능

① **한선** : 땀을 분비하여 체온조절 및 두피표면을 습윤하게 해준다.
② **피지선** : 피지를 분비하여 두피와 모발을 윤택하게 하고 수분증발을 막으며 세균을 감염을 막아준다.
③ **모발** : 중금속 및 독소를 배출시켜준다.

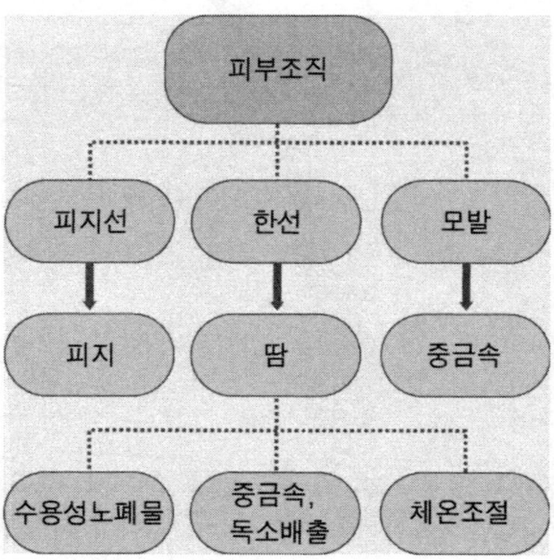

5 체온유지의 기능

우리 몸은 항상 36.5도를 유지하려는 항상성을 가지고 있는데 36.5도를 유지하기 위해서는 한선, 혈관, 입모근, 저장지방 등의 역할이 일정하게 이루어져야 한다.

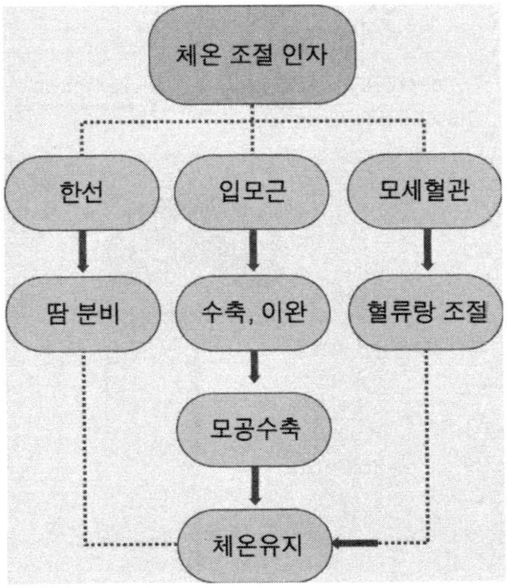

6 감각전달의 기능

감각기관은 외부의 자극을 즉각 뇌에 전달하며 촉각, 압각, 통각, 온각, 한각, 소양감 등을 느끼게 한다.

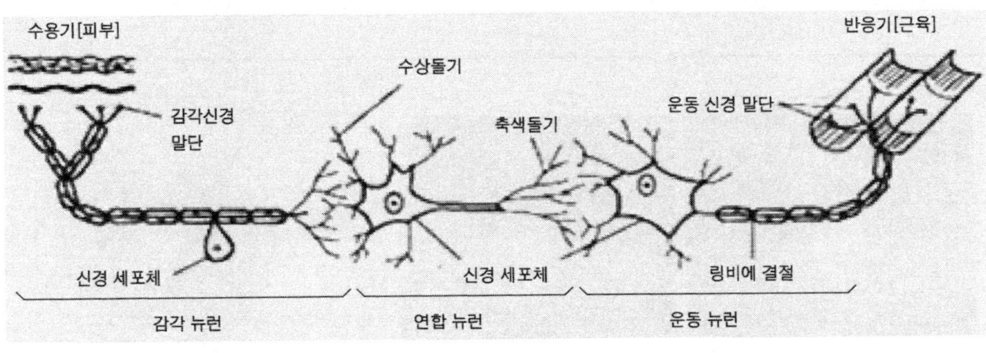

[그림 1-11 ➤ 뉴런의 종류와 연결]

7 Vitamin D 생성의 기능

프로비타민 D가 자외선을 받으면 생체 내에서 비타민 D로 바뀌어 체내에 흡수되며 칼슘의 흡수를 촉진시켜 뼈와 치아의 형성에 도움을 준다.

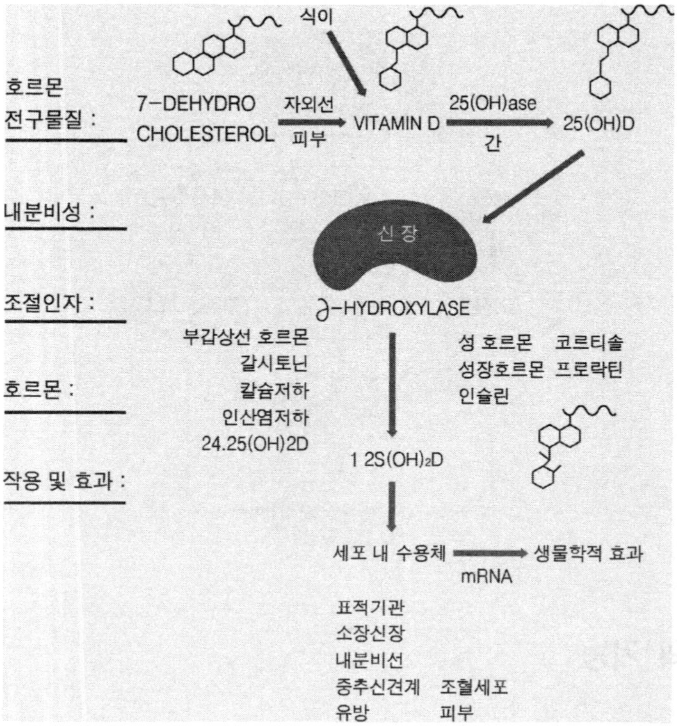

8 영양분 저장의 기능

피하조직 내 지방은 우리 몸의 저장기관으로 각종 영양분과 수분을 보유하고 있다.

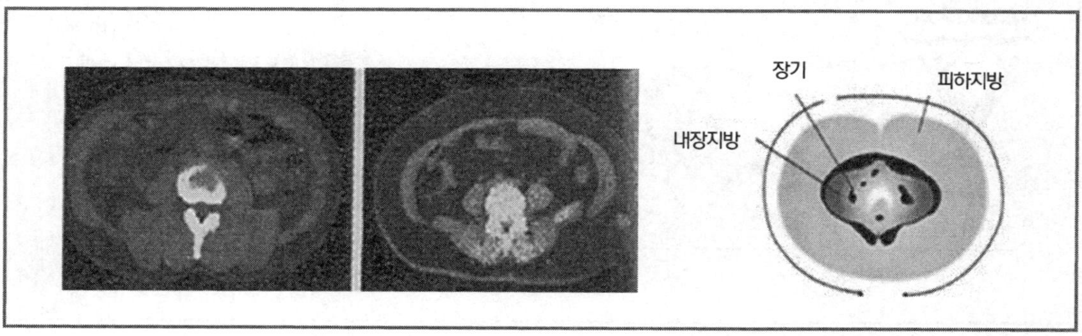

[그림 1-12 ➤ 내장지방형 비만, 피하지방형 비만, 복부 CT 영상 비교]

두피타입과 문제성 두피

두피는 피지량, 수분량, 두피톤, 각질 유·무 등의 의해 크게 정상두피, 건성두피, 지성두피로 분류할 수 있다.

❶ 두피타입

1) 정상두피

이상적인 두피로 두피톤이 전체적으로 고르며 맑고 투명하다.
적당한 지방막이 있으며 각화주기가 정상적인 상태이다.

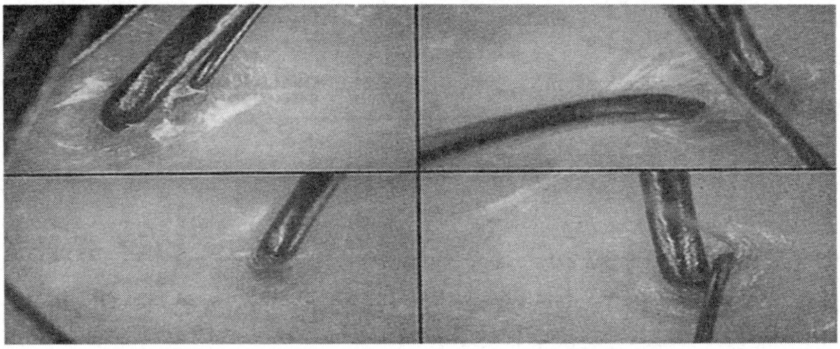

두피 톤 각질정도	
모공상태	
모발상태	
모발밀도	
수분상태	
피지상태	
예민도	
가려움, 염증상태	
한선	

2) 건성두피

노화된 각질이 두텁게 쌓여있는 두피로 전체적으로 탁해 보이며 유분, 수분공급이 원활히 이루어지지 않은 상태이다.
두피의 과다한 수분증발현상으로 각질이 하얗게 쌓여있고 두피가 불규칙하게 갈라져 보이며 가려움증 및 영양 결핍 등으로 인한 두피건조화현상도 보인다.

[건성두피사진을 찾아보고 스크랩해보자.]	[건성두피의 특징을 그려보자.]

위의 사진을 보고 특징을 적어보자.

두피 톤 각질정도	
모공상태	
모발상태	
모발밀도	
수분상태	
피지상태	
예민도	
가려움, 염증상태	
한선	

3) 지성두피

과도한 피지 분비에 의해 두피에 물이 고여 있는 듯 촉촉한 상태를 보이거나 둔탁해 보인다. 또한 세정이 잘 이루어지지 않았거나 비듬과 각질이 피지와 엉켜 모공 막힘 현상이 두드러지고 두피의 이물질 및 피지산화물의 잔류로 심한 악취도 동반한다.

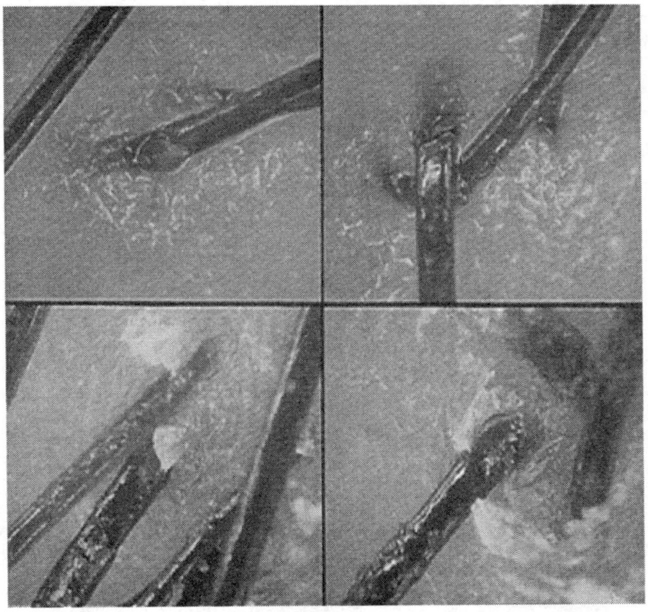

위의 사진을 보고 특징을 적어보자.

두피 톤 각질정도	
모공상태	
모발상태	
모발밀도	
수분상태	
피지상태	
예민도	
가려움, 염증상태	
한선	

2 문제성 두피

1) 예민성 두피

각종 세균이 두피 내 기생 및 화학제품에 의한 두피 자극이 원인으로 전체적으로 두피톤이 붉으며 부분적으로 모세혈관 확장과 혈액순환 저하에 의해 나타난다. 약한 자극에도 금방 반응이 나타나며 심한 경우에는 염증성두피로 발전하기도 한다.

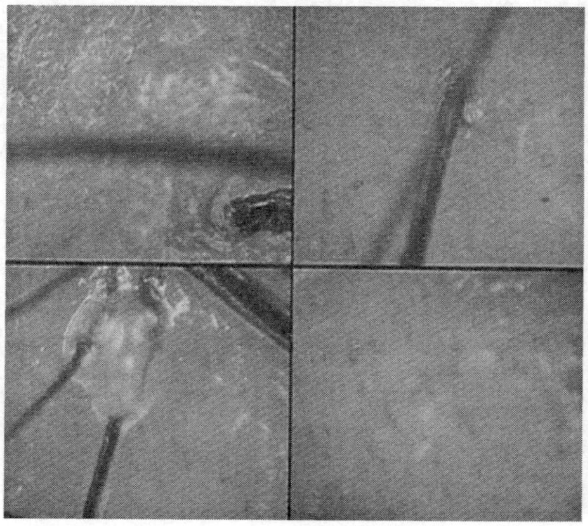

위의 사진을 보고 특징을 적어보자.

두피 톤 각질정도	
모공상태	
모발상태	
모발밀도	
수분상태	
피지상태	
예민도	
가려움, 염증상태	
한선	

2) 비듬성 두피

비듬은 두피의 노화 각질이 탈락된 것으로 피지와 분해산화물과의 혼합물인 비듬성 두피의 경우 피지분비상태에 따라 건성, 지성, 혼합형 등으로 구분되며 발생원인은 내·외적인 요인 등으로 다양하다.

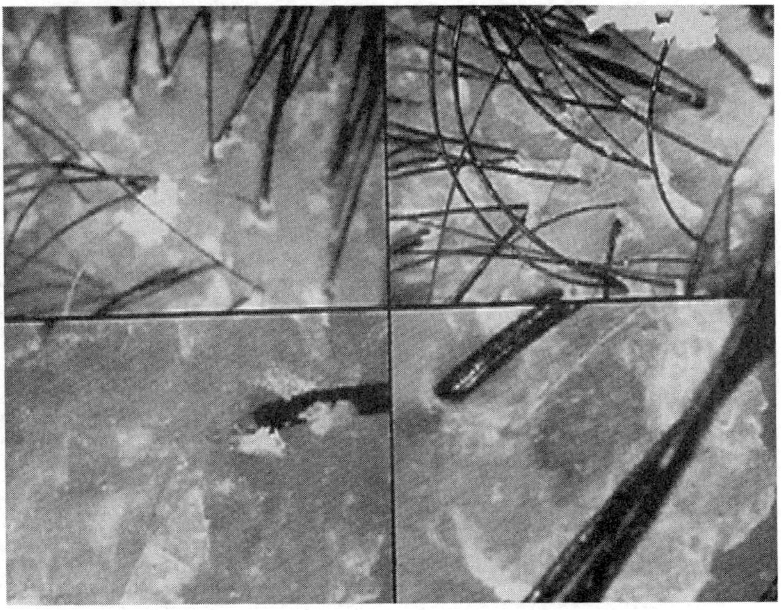

위의 사진을 보고 특징을 적어보자.

두피 톤 각질정도	
모공상태	
모발상태	
모발밀도	
수분상태	
피지상태	
예민도	
가려움, 염증상태	
한선	

(1) 건성 비듬성 두피

두피가 건조해지면서 각질이 일어난 경우로 하얗고 가는 비듬의 형태를 보이며 심한 가려움증을 수반한다. 영양실조나 잘못된 샴푸 등에 두피가 자극을 받아 과각화 현상이 이루어진 경우이다.

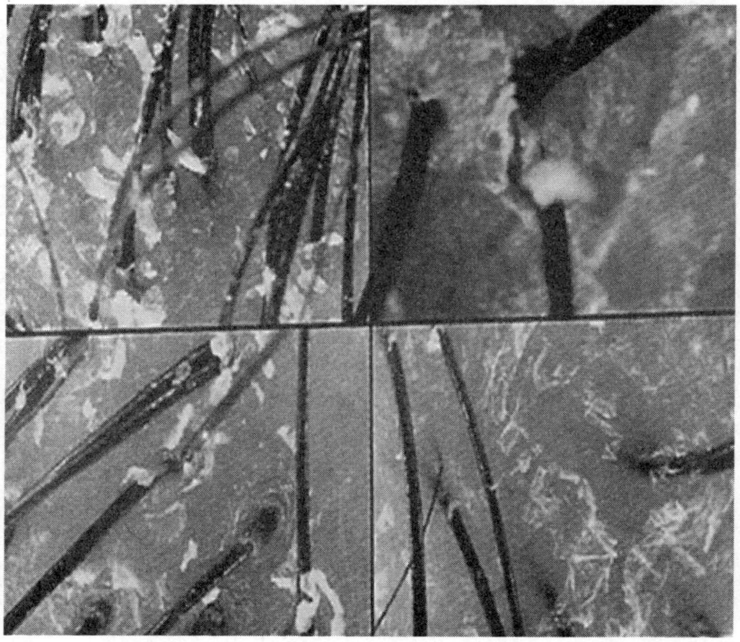

위의 사진을 보고 특징을 적어보자.

두피 톤 각질정도	
모공상태	
모발상태	
모발밀도	
수분상태	
피지상태	
예민도	
가려움, 염증상태	
한선	

(2) 지성 비듬성 두피

과다 분비된 피지와 각질의 결합으로 인해 생긴 유형이다. 두피 내 피지분비가 많아서 두피가 항상 축축하며 두피를 만져보면 열이 많거나 물렁물렁하며 시간이 경과되면 피지가 산화되어 악취가 나며 가려움증이나 염증을 동반한다.

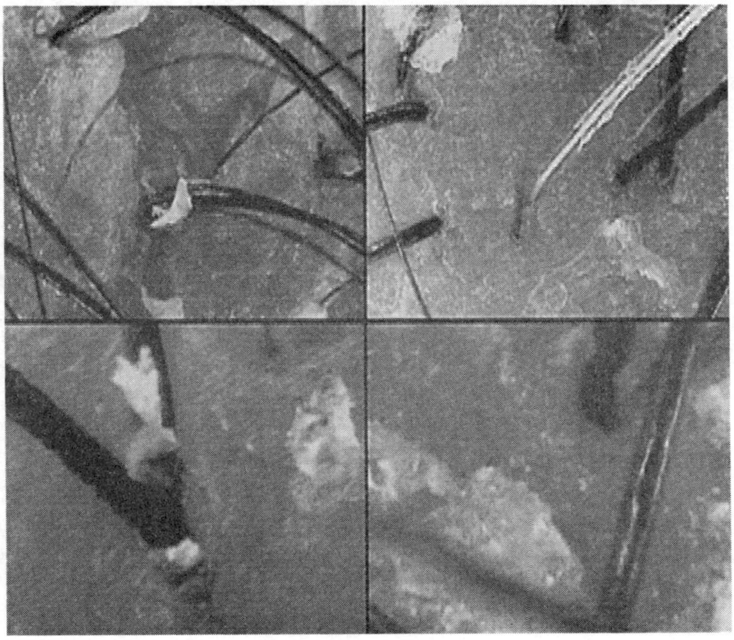

위의 사진을 보고 특징을 적어보자.

두피 톤 각질정도	
모공상태	
모발상태	
모발밀도	
수분상태	
피지상태	
예민도	
가려움, 염증상태	
한선	

(3) 혼합 비듬성 두피

오랜시간 지속된 피지산화의 작용으로 인해 비듬이 건성비듬과 같은 형태로 머물러 있지만 건성 비듬에 비해 쉽게 떨어지지 않는다.

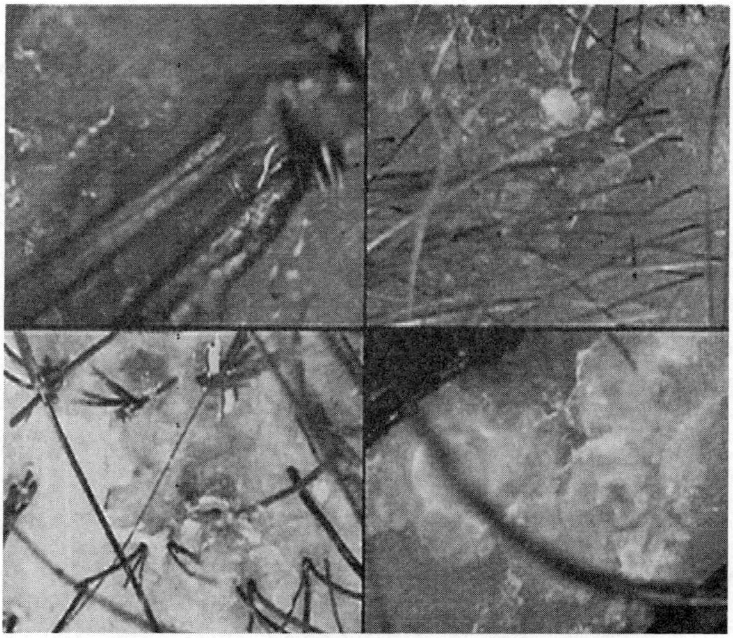

혼합 비듬성 두피

위의 사진을 보고 특징을 적어보자.

두피 톤 각질정도	
모공상태	
모발상태	
모발밀도	
수분상태	
피지상태	
예민도	
가려움, 염증상태	
한선	

3) 지루성 두피

비듬과 피지의 과다한 분비는 지루성으로 말할 수 있는데 이 경우 과다한 피지층에 의해 비듬이 떨어지지는 않는다.
피지선이 왕성하여 피지 분비가 많아 염증에 의해 비듬이 자주 생기므로 외관상으로는 예민성 두피와 지성두피의 혼합으로 보면 된다. 염증으로 인해 두피가 붉고, 모낭 주위가 붉게 부풀어 오르거나 곪고 가려워지며 이를 방치하면 탈모를 일으킨다.

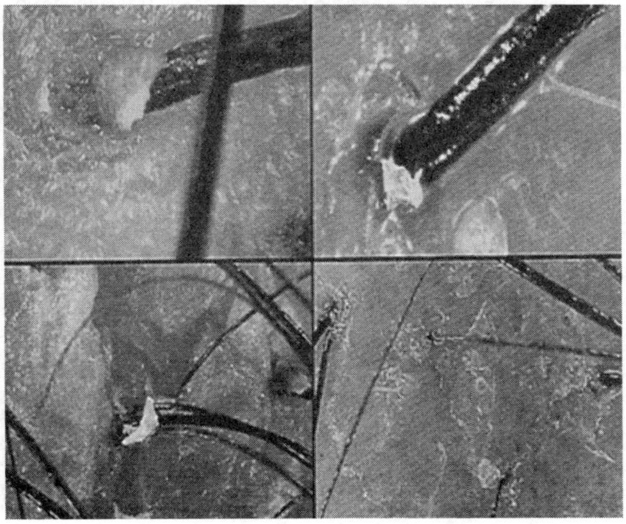

위의 사진을 보고 특징을 적어보자.

두피 톤 각질정도	
모공상태	
모발상태	
모발밀도	
수분상태	
피지상태	
예민도	
가려움, 염증상태	
한선	

4) 탈모 진행형 두피

탈모란 모발의 성장이 중지된 것으로 모모세포의 힘이 약해져 모발의 주기가 변화된 것을 의미한다. 두피가 자주 가렵거나 비듬이 평상시보다 많이 늘고 피지분비량이 증가된 상태를 말한다.

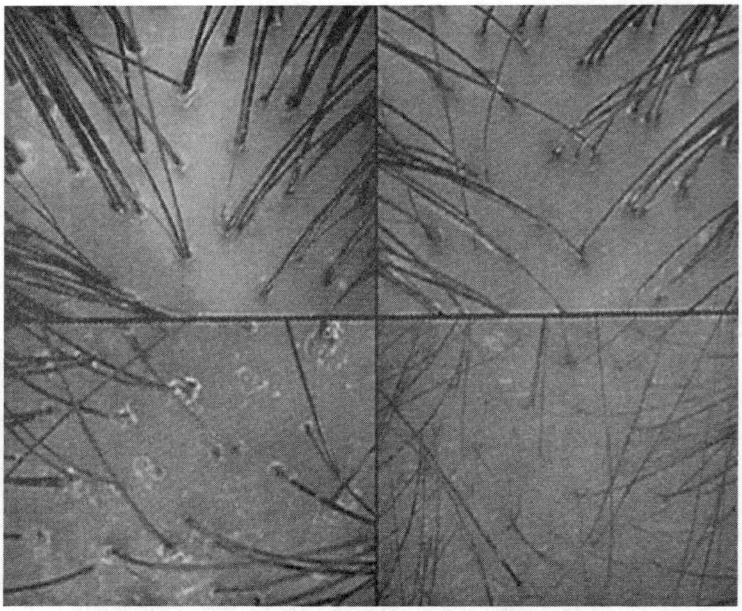

위의 사진을 보고 특징을 적어보자.

두피 톤 각질정도	
모공상태	
모발상태	
모발밀도	
수분상태	
피지상태	
예민도	
가려움, 염증상태	
한선	

5) 두부백선

일종의 버짐과 같은 형태로 두피에 발생하는 전염성 피부염이다. 둥근 원형 형태로 특정부위가 아닌 두상 전체에서 발생 가능하며 발생부위에 각질이 과다하게 발생할 수 있고 주로 어린아이에게 많이 나타나며 전염성이 있다.

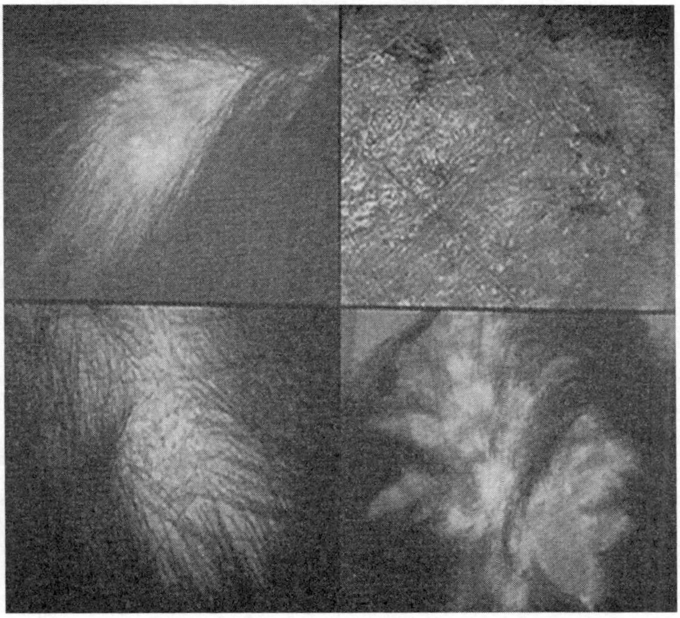

위의 사진을 보고 특징을 적어보자.

두피 톤 각질정도	
모공상태	
모발상태	
모발밀도	
수분상태	
피지상태	
예민도	
가려움, 염증상태	
한선	

6) 두부건선

두피 및 인체에 발생하는 만성 피부질환 중의 하나이다. 표피세포의 빠른 각화과정과 세포분열의 촉진 등으로 두피 전체에 각질이 두텁게 쌓여 은백색의 인설형태로 이루어져 있다.

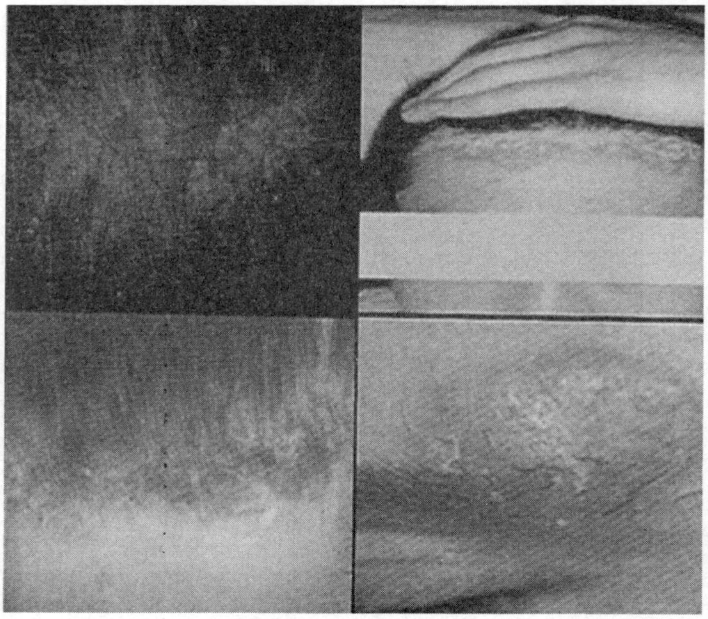

위의 사진을 보고 특징을 적어보자.

두피 톤 각질정도	
모공상태	
모발상태	
모발밀도	
수분상태	
피지상태	
예민도	
가려움, 염증상태	
한선	

7) 지루성 피부염

지루성 피부염은 피지선의 활동이 증가된 부위인 머리, 얼굴, 앞가슴 등에 잘 발생하는 급성, 만성의 염증성 질환이다. 심한 가려움증도 동반한다.

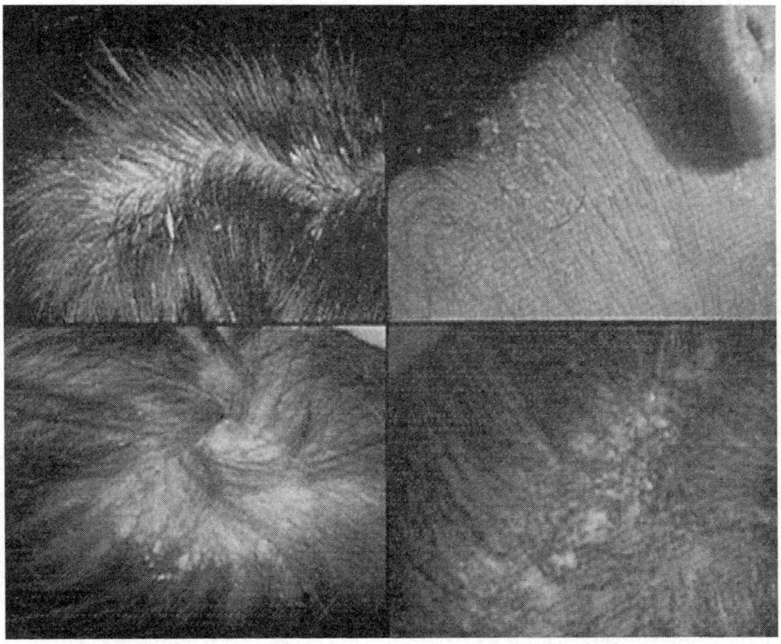

위의 사진을 보고 특징을 적어보자.

두피 톤 각질정도	
모공상태	
모발상태	
모발밀도	
수분상태	
피지상태	
예민도	
가려움, 염증상태	
한선	

배율별 두피 타입 판독

1 정상 두피(80배율)

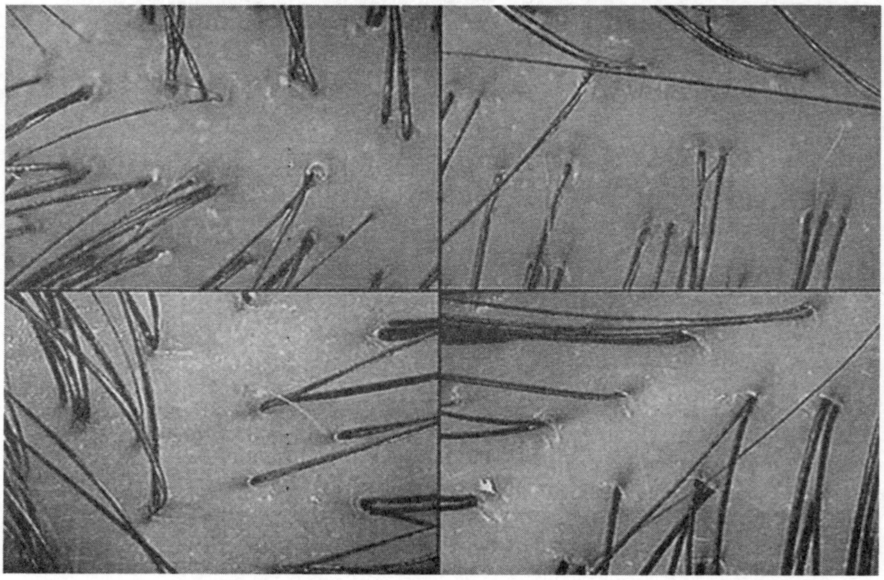

위의 사진을 보고 특징을 적어보자.

두피 톤 각질정도	
모공상태	
모발상태	
모발밀도	
수분상태	
피지상태	
예민도	
가려움, 염증상태	
한선	

❷ 지성 두피(80배율)

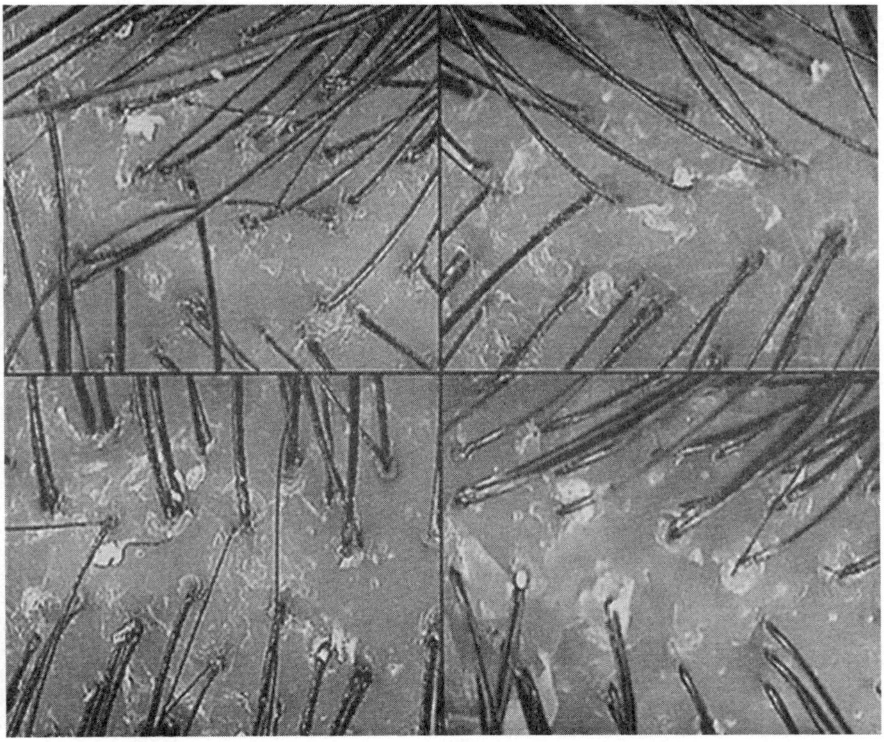

위의 사진을 보고 특징을 적어보자.

두피 톤 각질정도	
모공상태	
모발상태	
모발밀도	
수분상태	
피지상태	
예민도	
가려움, 염증상태	
한선	

③ 건성 두피(80배율)

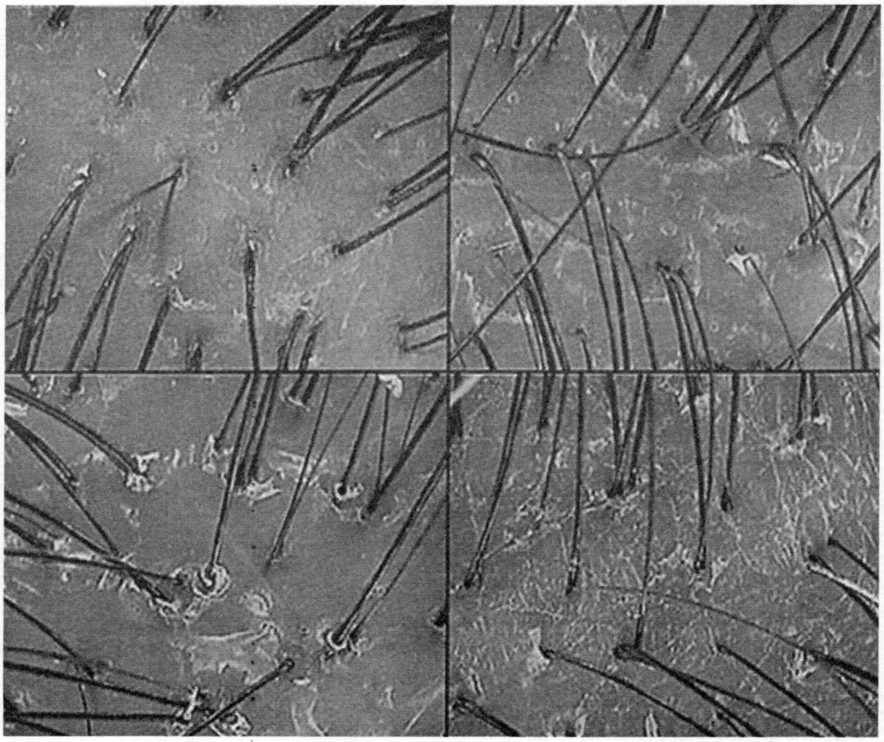

위의 사진을 보고 특징을 적어보자.

두피 톤 각질정도	
모공상태	
모발상태	
모발밀도	
수분상태	
피지상태	
예민도	
가려움, 염증상태	
한선	

4 예민성(문제성) 두피(80배율)

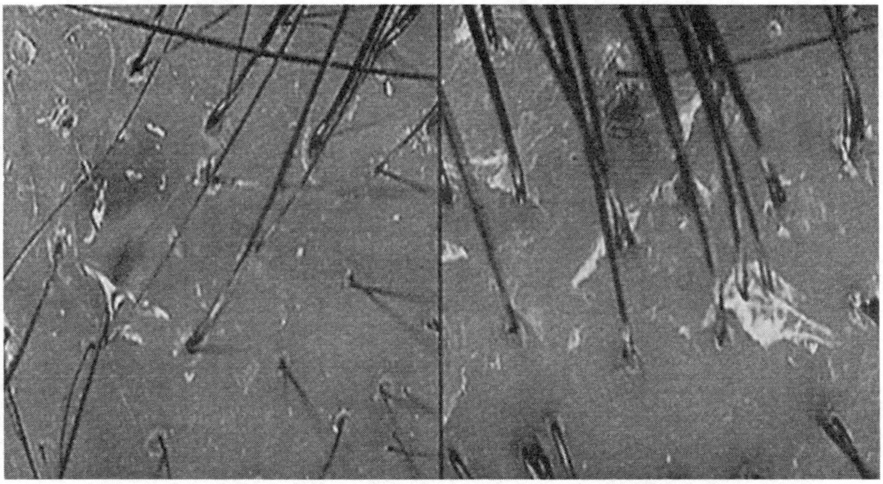

위의 사진을 보고 특징을 적어보자.

두피 톤 각질정도	
모공상태	
모발상태	
모발밀도	
수분상태	
피지상태	
예민도	
가려움, 염증상태	
한선	

5 정상 두피(300배율)

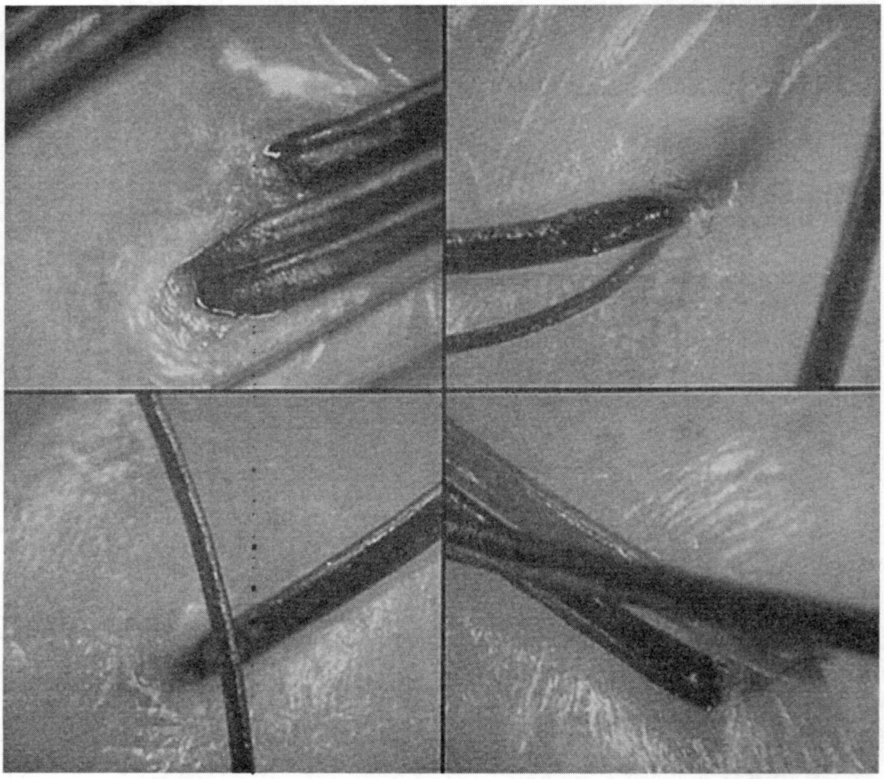

위의 사진을 보고 특징을 적어보자.

두피 톤 각질정도	
모공상태	
모발상태	
모발밀도	
수분상태	
피지상태	
예민도	
가려움, 염증상태	
한선	

❻ 지성 두피(300배율)

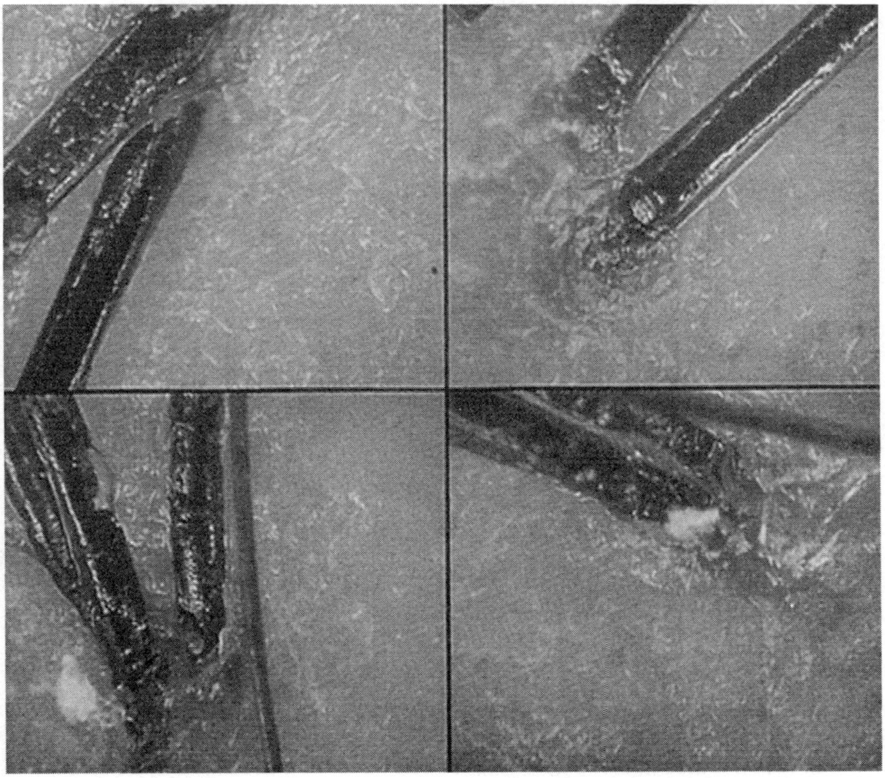

위의 사진을 보고 특징을 적어보자.

두피 톤 각질정도	
모공상태	
모발상태	
모발밀도	
수분상태	
피지상태	
예민도	
가려움, 염증상태	
한선	

7 건성 두피(300배율)

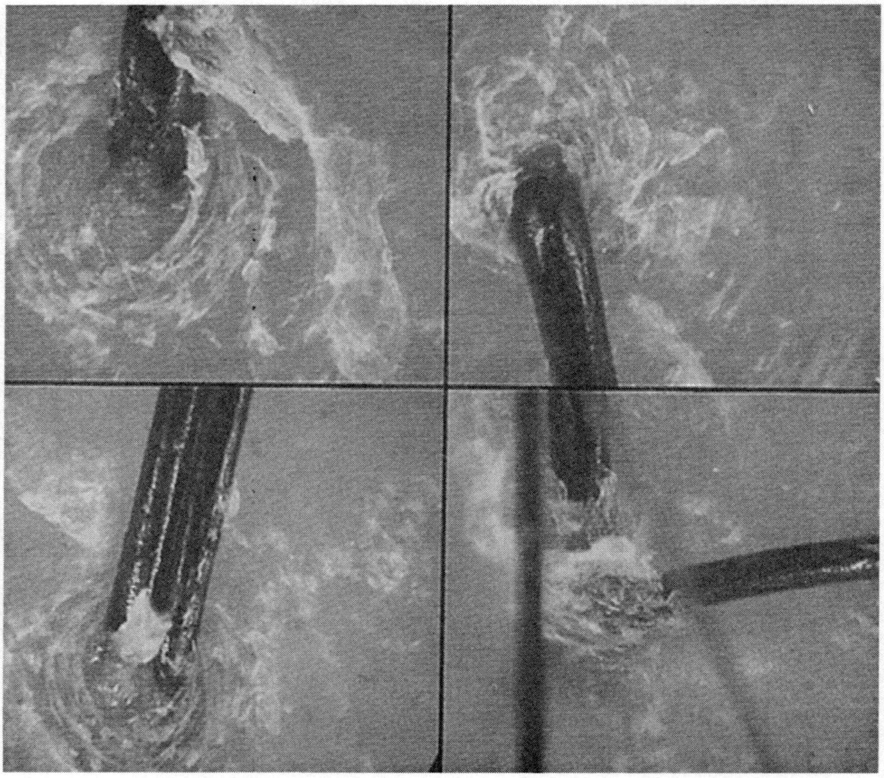

위의 사진을 보고 특징을 적어보자.

두피 톤 각질정도	
모공상태	
모발상태	
모발밀도	
수분상태	
피지상태	
예민도	
가려움, 염증상태	
한선	

❽ 예민성(문제성) 두피(300배율)

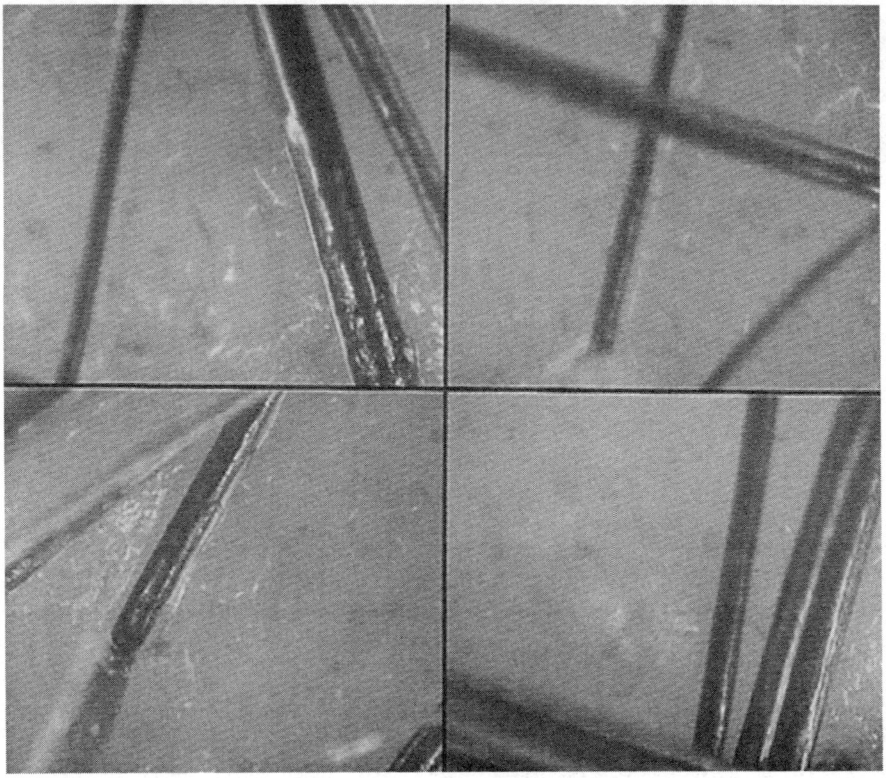

위의 사진을 보고 특징을 적어보자.

두피 톤 각질정도	
모공상태	
모발상태	
모발밀도	
수분상태	
피지상태	
예민도	
가려움, 염증상태	
한선	

CHAPTER

02 [3주, 4주 두피, 모발관리 준비]

모발 과학

모발의 정의

모발이란 포유류 특유의 부속기관으로 단단하게 밀착된 각화세포로 이루어진 고형의 원추섬유이다. 털이 난 부위에 따라 두발, 수염, 액모, 음모, 체모 등으로 구분된다.

모발의 발생

모체에서 하나의 세포로 이루어진 수정란은 세포분열에 의해 기하급수적으로 증가하여 태아로서 인간의 형태로 만들어지는데, 일반적으로 태아 9∼12주 때 모낭이 형성되어 12∼14주 때 모발이 성장한다.

태아 출생 과정

주수	내용
4~8주	외배엽, 중배엽, 내배엽 구분 / 피부, 털, 성별 등의 유전형질 결정 / 8주 : 머리형성
9~11주	머리, 몸통, 팔다리 3등분 구분 / 전체적인 윤곽 형성 시작 단계 / 약 8~9cm, 20g
12~15주	모근 형성 / 피부층 두께 강화 / 뇌기관 형성 / 내장기관 강화 / 근육, 뼈 발달 / 16cm
16~19주	모발생성 / 지문형성 / 태아운동 / 태아호흡[6%] 규칙적[19주] / 청각발달 / 약 18cm
20~23주	모발 색 진해짐 / 피부층 혈관 보임 / 손가락 빨음 / 귀 균형기관 발달 / 약 30cm
24~27주	피부 지방분비 촉진 / 피부톤 붉어짐 / 뇌기능발달 신체조절 / 주·야 구분 / 약 35cm
28~31주	피하지방 생성 / 취모의 연모화 / 신경조직 발달 / 골격완성단계 / 감정, 청각 / 약 42cm
32~35주	모발길이 3cm / 피부 체온조절가능[피하지방 발달] / 호르몬 저장 / 내장기관 완성
36~39주	모발의 연모화 / 피부 주름 사라짐[피하지방 발달] / 폐호흡 가능 / 약 45cm

모발의 구조

모발은 모간부와 모근부로 나눌 수 있는데 모간부는 두피 바깥으로 나와 있는 부분을 말하고, 모근부는 두피 아래에 속해 있는 부분을 말한다.

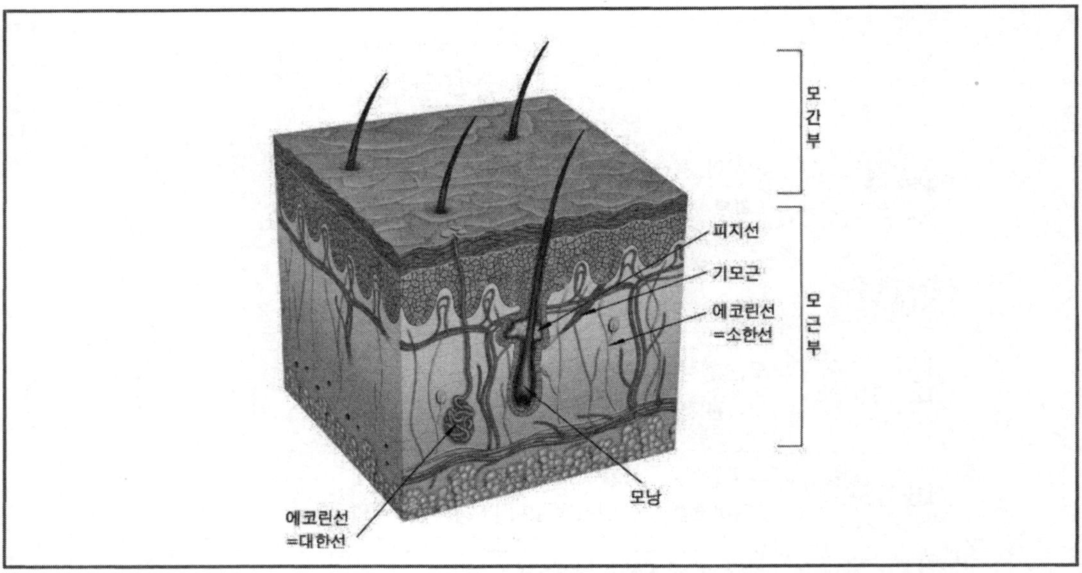

[그림 2-1 ➤ 모발의 구조]

1 모근부(hair root)

나무의 뿌리와 같은 기능으로 모발에 필요한 영양분을 혈관으로부터 공급받아 세포분열이라는 과정을 통하여 모발을 만들어내는 부분이다.

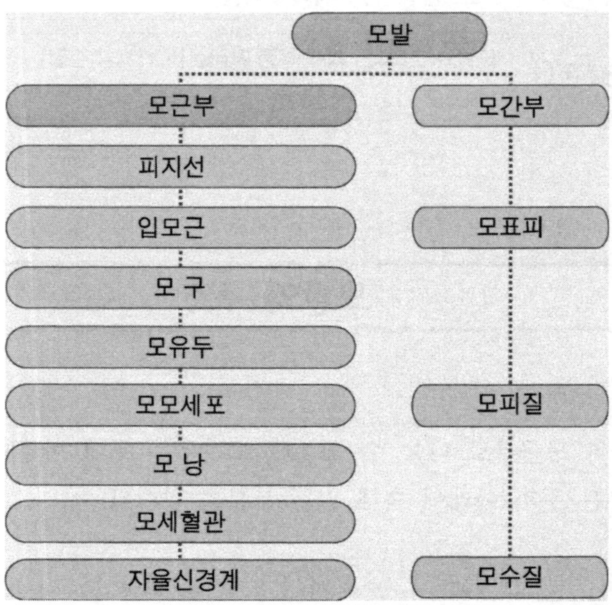

1) 모근의 분류

모근은 크게 모누두부, 협부, 모낭하부로 나뉜다.

① **모누두부** : 각질층에서부터 피지선 위쪽 부분까지를 말한다.

② **협부** : 피지선 아래 부위에서 입모근 위쪽까지를 말하며 각화되어가는 부분이기도 하다.

③ **모낭하부** : 입모근 아래부터 모구부 아래부위까지를 말하며 세포분열이 일어나는 곳이다.

2) 모근의 구조

(1) 피지선(Sebaceous Gland)

① pH 4.5~5.5로 피지막, 약산성 보호막

② 남성호르몬, 항체호르몬, 식생활, 계절, 연령, 환경, 온도에 따라 분비량이 달라진다.

③ 자율신경계의 영향을 받는다.

④ 손, 발바닥 제외한 전신에 분포되어 있다.

⑤ 살균, 소독, 보습, 중화, 윤기, Vit D 형성의 역할

⑥ 1일 1~2g 정도 분비한다.

⑦ 세정 후 피지분비 정도는 1시간 후엔 20%, 2시간 후엔 40%, 3시간 후엔 50% 정도 분비된다.

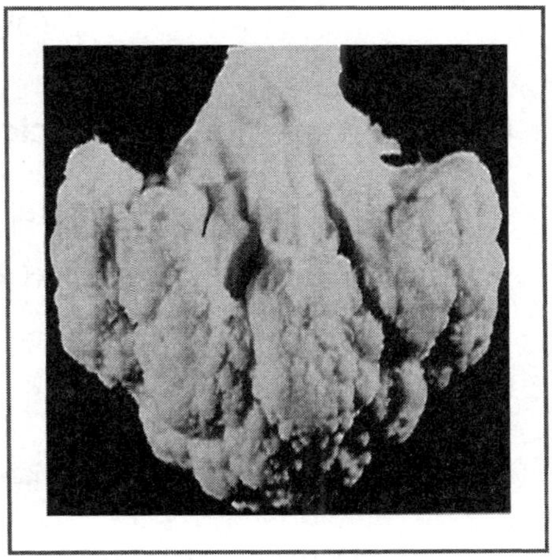

[그림 2-2 ➤ 피지선]

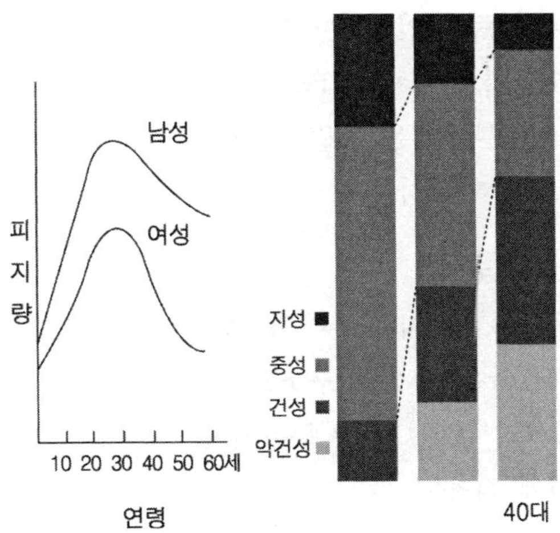

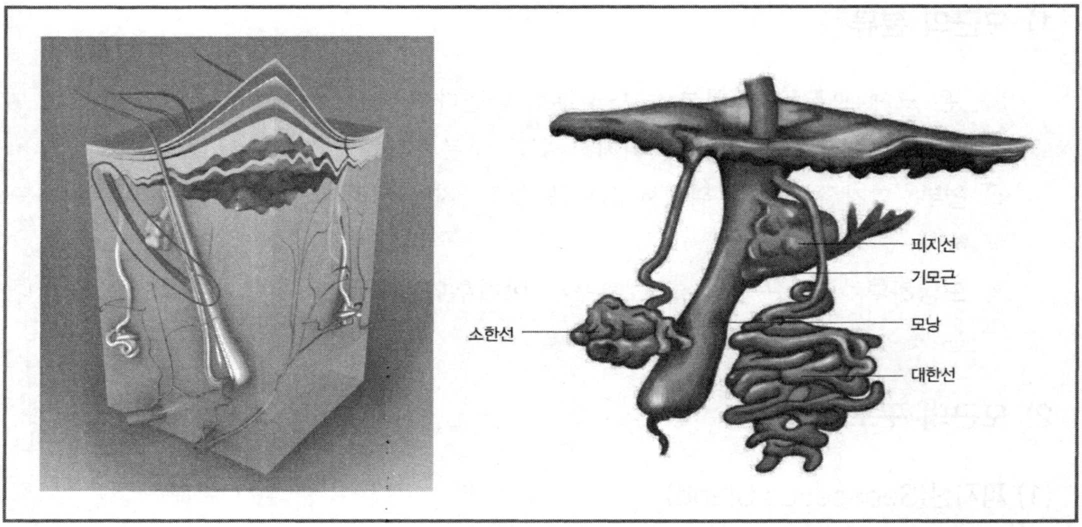

[그림 2-3 ➤ 입모근과 한선]

(2) 입모근(Arrector Pili Muscle)

모근 하부 1/3 지점에 위치하며 불수의 근(자율신경 지배)으로 추위나 공포를 느꼈을 때 모발을 세울 수 있는 근육(소름이라고 표현한다.)이다.

(3) 한선

땀이 분비되는 곳으로 소한선과 대한선으로 나눈다.

① **소한선(Ecrine Gland)**

㉠ 몸 전체에 분포되어 있다.
㉡ 모공과 분리된 독립적인 한선이다.
㉢ 99% 수분, Na, Cl, I, Ca, P, Fe 등으로 구성되어 있다.
㉣ 혈액과 더불어 신체 체온 조절을 한다.
㉤ 운동이나 온도에 민감하다.

② **대한선(Apocrine Gland)**

㉠ 분비 전에는 무색·무취이나 분비 후 공기와 만나 산화되어 악취, 유색을 가진다.
㉡ 모낭에 부착된 작은 나선형 구조를 가진다.
㉢ 겨드랑이, 생식기 주위, 유두 주위에 분포되어 있다.
㉣ 감정 변화 시에 작용이 활발하다.

(4) 모유두(hair papilla)

① 모근의 최하층에 위치하며 모주기에 따라 위치가 변하며 모세혈관과 자율신경이 풍부하다.

② 모발의 성장물질을 분비하여 모발의 성장을 조절하고 모질 및 굵기를 결정한다.

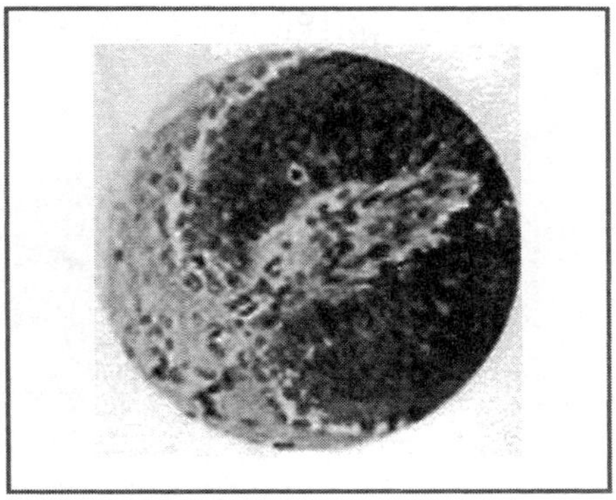

[그림 2-4 ➤ 모유두]

(5) 모모세포(hair matrix)

모발의 기원이 되는 세포로 왕성한 세포분열이 일어나는 층으로 모유두로부터 영양분을 공급받아 세포가 분열하여 모간부 및 모낭을 생성하며 모발의 색소를 결정한다.

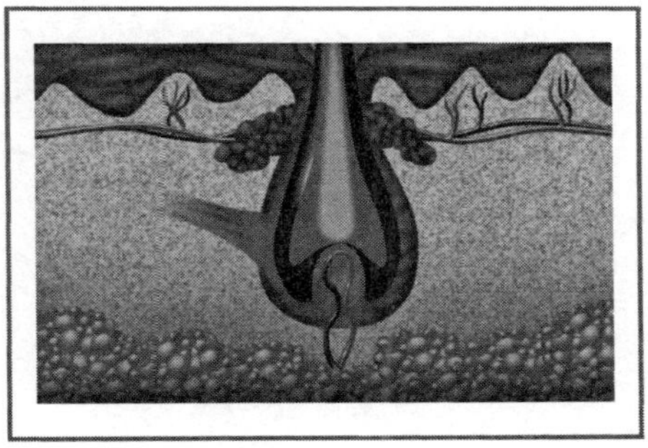

[그림 2-5 ➤ 모모세포]

(6) 모낭(hair follicle)

① 태생 9~12주에 생성되며 머리에서 발쪽으로 형성

② 외모근 + 내모근으로 구성되어 있고 모발을 보호하거나 모발을 고지

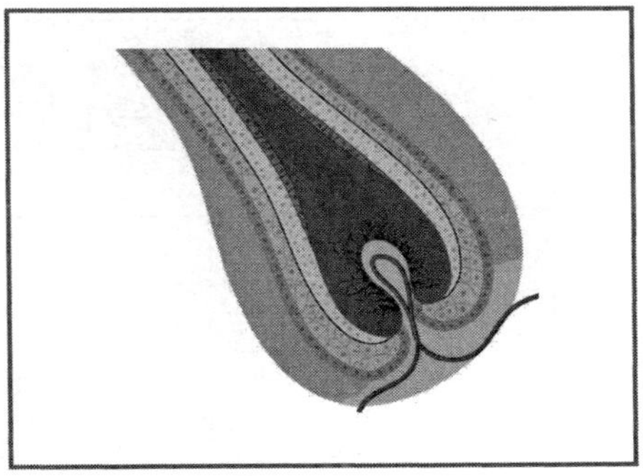

[그림 2-6 ➤ 모모세포]

(7) 모구(hair bulb)

모근의 아랫부분으로 모유두와 모모세포로 이루어져 있어 모발을 생성한다.

(8) 모세혈관

혈관의 말단인 모세혈관이 존재해 영양분을 공급해주기도 하고 노폐물을 배출한다.

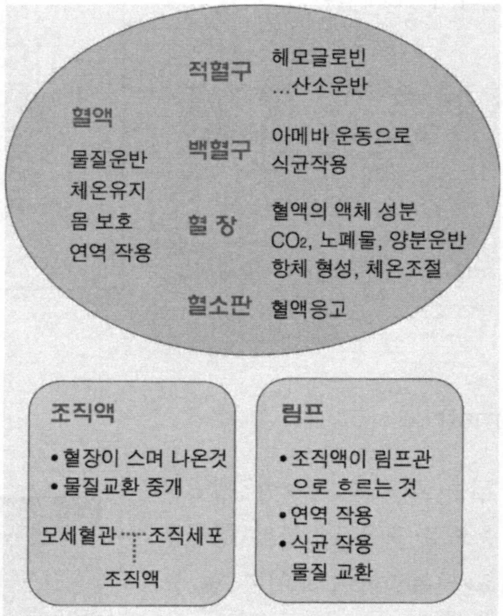

혈관과 림프

(9) 자율신경계

① 모세혈관과 함께 모유두 주변에 존재하고 있는 신경이다.

② 모유두로부터 받은 영양분이 모발로 잘 자라도록 명령하는 역할을 한다.

기관 명칭	교감신경 (육체, 두뇌운동, 에너지발산)	부교감신경
심장	빠르다.	느리다.
모세혈관	수축	이완
혈압	상승	하강
호흡	빠르고 얇게	천천히 깊게
소화관	운동 억제	운동 촉진
입모근	수축	이완
한선	진한 땀 분비	연한 땀 다량 분비
부신수질	아드레날린 분비 완성	아드레날린 분비 억제

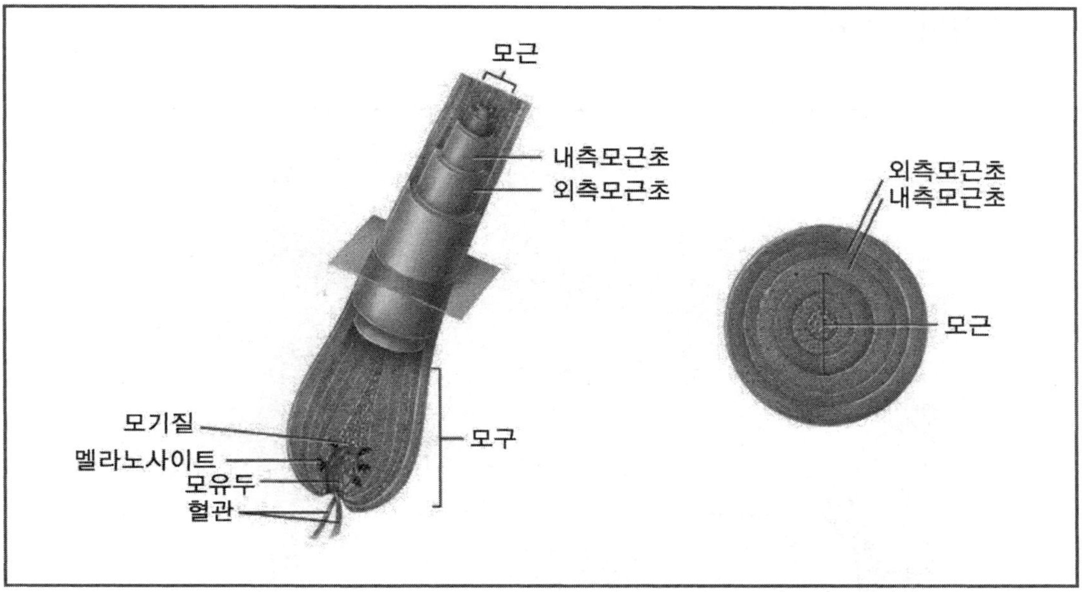

[그림 2-7 ➤ 모발의 횡단면]

❷ 모간(hair shaff)

두피 바깥으로 나와 있는 부분으로 모표피, 모피질, 모수질로 나뉜다.

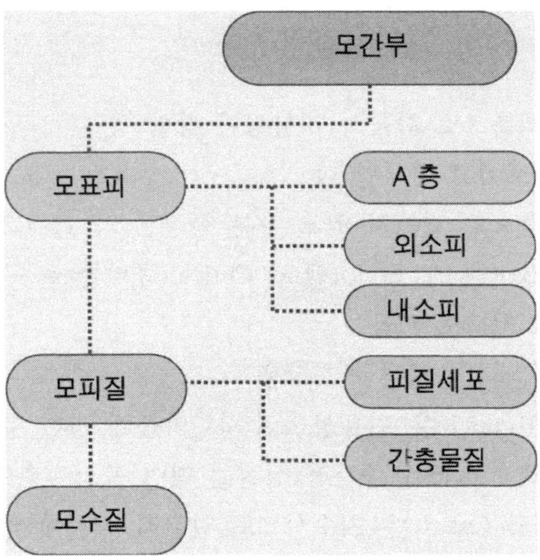

1) 모표피(cuticle)

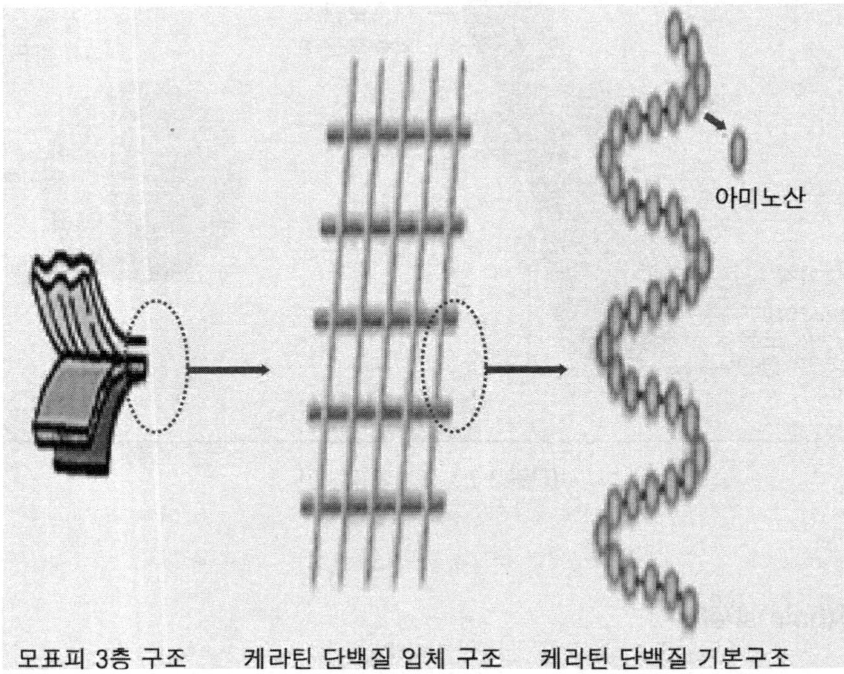

[그림 2-8 ➤ 모표피]

(1) 특징

① 모발의 최 외측으로 화학적 저항성이 강한 층
② 편형 무핵세포이고 반투명 막
③ 평균 5~15층으로 겹쳐져 있고 수분 함량은 약 15% 정도
④ Epi(에피), Exo(엑소), Endo(엔도) Cuticle(큐티클)로 구성
⑤ 모발 손상의 척도로 이용
⑥ 외부 자극에 대한 1차적 보호작용
　㉠ Epi(에피) cuticle은 친유성으로 화학약품에 강한 층이다.
　㉡ Exo(엑소) cuticle은 중간적 성질을 띠며 불안정층으로 펌제에 약하다.
　㉢ Endo(엔도) Cuticle은 치수성으로 알칼리 약품에 약한 층이다.

2) 모피질(cortex)

(1) 특징

① 모질을 결정하며 모발의 85~90% 차지한다.

② 친수성으로 화학적 시술 작용부위이며 주성분은 피질세포와 간충물질로 이루어져있다.

(2) 피질세포

① 긴 Polypeptide(폴리펩타이드)결합

② Macro Fibrile(매크로피브릴) : Micro Fibrile(마이크로 피브릴)+간충물질

③ Proto Fibrile : Polypeptide(2~3)

④ Polypeptide(폴리 펩타이드) : (펩티드, 시스틴, 이온, 수소결합)

(3) 간충물질

세포 간 결합물질로 세포와 세포를 강하게 연결시켜준다.

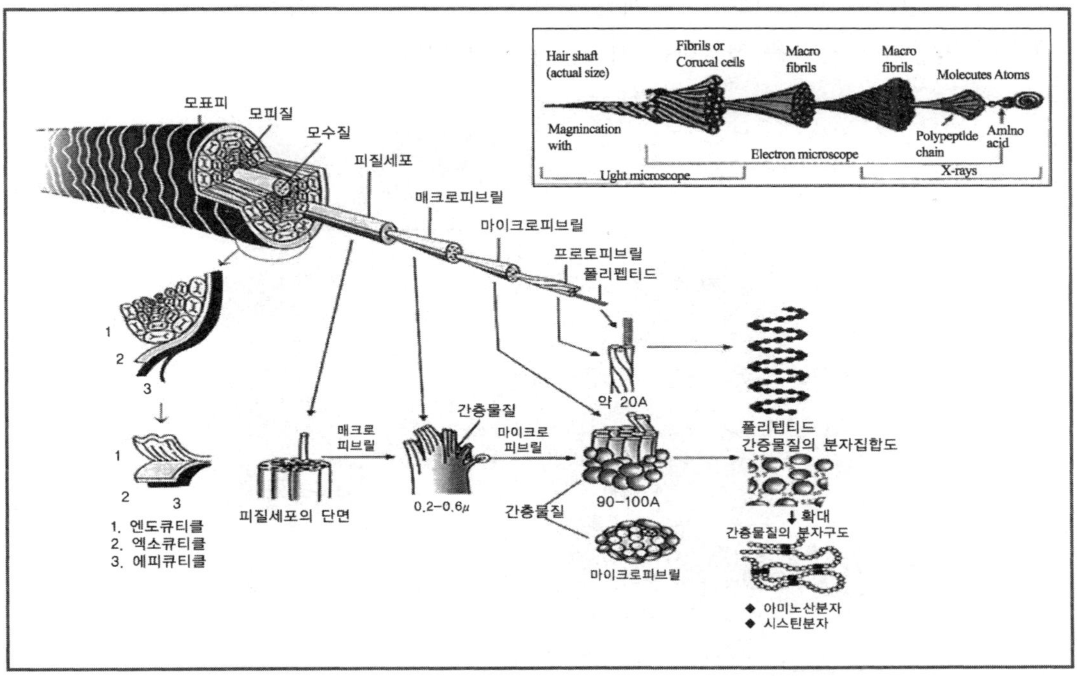

[그림 2-9 ➤ 모피질]

3) 모수질(medulla)

벌집모양의 다각형 세포로 존재해 공기를 포함하고 0.09mm 이상의 모발에 존재하며 시스틴 함량이 모피질에 비해 적다.

[그림 2-10 ➤ 모수질]

모발의 기능

외부의 마찰이나 자극으로부터 두개골을 보호하고 노폐물과 중금속을 배출하는 기능과 촉각이 발달되어 감각을 전달하는 기능을 가지고 있다.

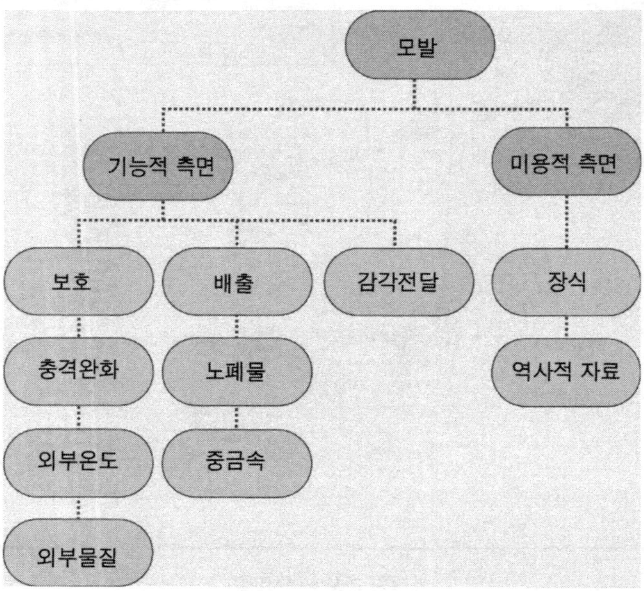

모발의 종류

모발은 크게 굵기와 형태에 따라 분류된다.

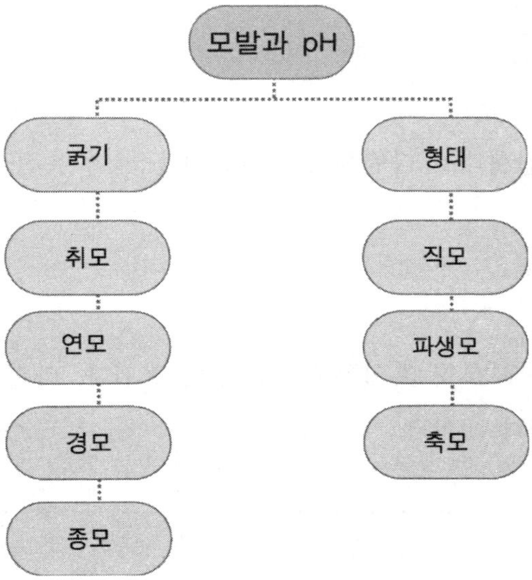

❶ 굵기에 따른 모발의 분류

① **취모** : 굵기 약 0.02mm, 배냇머리라고도 하며 태아 시기에 형성되어 임신 8개월 차에 연모화된다.

② **연모** : 0.08mm 이하로 모수질이 존재하지 않으며 연갈색의 색상으로 사춘기 이전의 모발이다. 하지만 탈모진행 모발에서도 볼 수 있다.

③ **경모** : 0.15~0.20mm 정도로 단단한 단백질이 결합된 상태로 30대 이후 점차적인 연모화가 이루어진다.

④ **종모** : 연모에서 경모화된 이후의 모발을 말한다.

2 형태에 따른 모발의 분류

1) 직모(Straight Hair)

모모세포 간의 동일한 세포분열이 이루어져 모발 단면이 원형을 띤다.

2) 파생모(Kinky Hair)

직모와 축모의 중간형태로 타원형의 모발단면을 띠며 유전적인 영향이 크다.

3) 축모(Curly Hair)

흔히 곱슬모라고도 부르며 흑인종에게서 많이 보인다. 타원형의 모발형태로 파생모보다 웨이브가 좀 더 심하다.

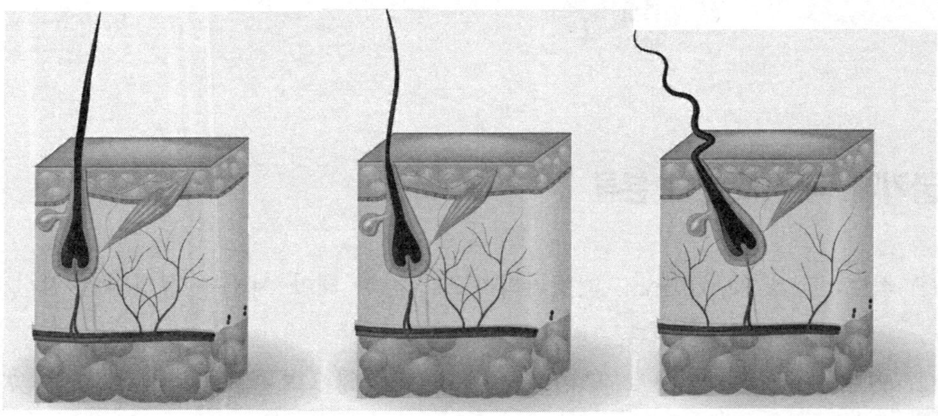

[그림 2-11 ➤ 형태에 따른 모발의 분류]

모발의 구성성분

모발의 80~90%는 단백질로 이루어져 있으며 그 외에 멜라닌 색소(3%)와 지질(1~8%), 수분(10~15%), 미량원소(0.6~1%) 등이 포함되어 있다.

1 단백질

모발은 18종의 아미노산으로 구성되어 있고 경 케라틴이고 불리는 황을 포함한 섬유성단백질이며 시스틴을 많이 포함하고 있다.

2 멜라닌

멜라닌 색소는 멜라노사이트에서 티로시나아제라는 효소의 생합성에서 시작된다. 이 효소의 작용에 의해 최종적으로 멜라닌 색소가 만들어진다. 이는 모발을 착색시키고 자외선으로부터 모발을 보호한다.

3 지질

피지선에서 분비된 피지와 함께 모피질 세포가 가지고 있는 지질을 함유하고 있다. 모발의 친유성 부분은 모표피의 외측으로 개인차가 있지만 모발 전체에서 약 1~19% 차지한다.

4 수분

보통 10~15%를 함유하고 있고 샴푸 후는 30~35%, 드라이 건조 후에 10% 정도 함유한다. 수분 함량이 10% 이하인 경우 건조모라고도 하며 정상모발보다 흡수량이 크다.

5 미량원소

모발을 건강하게 유지하는데 필수적인 요소로 탄소, 수소, 질소, 황 등 모발색소 구성이 있어 영향을 미친다.

모발의 성장주기

모발은 각각의 다른 성장주기를 갖고 있는데 이를 모주기(Hair cycle)라 한다. 사람처럼 각기 다른 모주기를 Mosaic(모자이크 타입)이라 하며 동물처럼 모발 전체의 모주기가 일치하는 것을 Synchronistic type(싱크로니스틱 타입)이라 한다.

1 모발의 성장주기

모발의 성장기－퇴행기－휴지기－발생기의 성장주기를 거쳐 자란다.

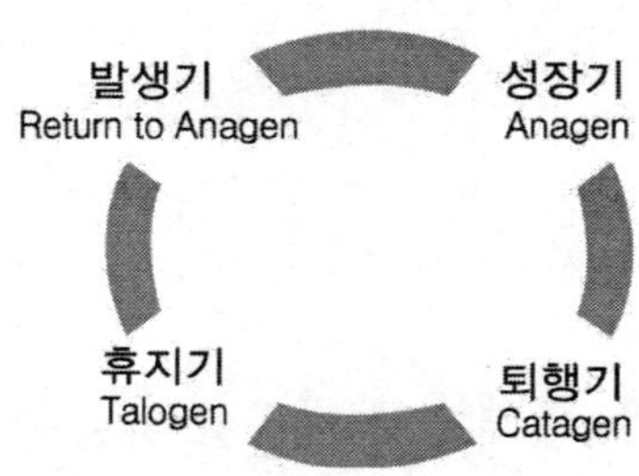

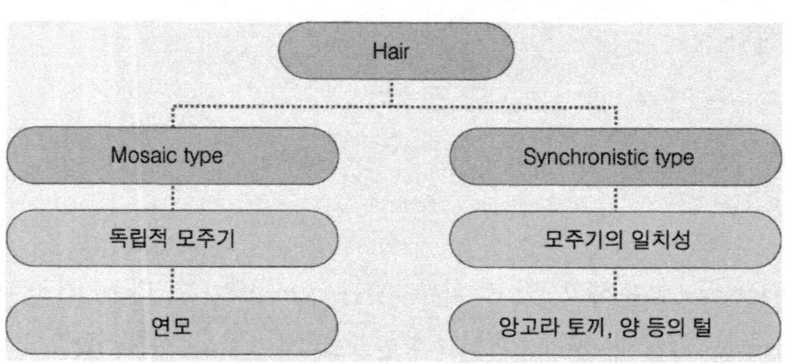

[모발의 성장주기 및 종류]

1) 성장기(Anage)

진피층 하부 및 피하지방 상층에 존재하며 모유두와 접촉되어 있어 왕성한 세포분열이 이루어지고 호르몬, 연령, 건강상태, 성별 등에 따라 차이를 보인다. 평균적으로 남성은 3~5년, 여성은 4~6년 정도로 전체 모발의 80~85%를 차지한다.

2) 퇴행기(Catagen)

모구부의 수축현상이 일어나 세포분열이 점차적으로 둔화된 후 정지하며 산후 탈모증의 경우를 제외하고 기간은 3~4주 정도이며 전체 모발의 1%를 차지한다.

3) 휴지기(Talogen)

진피층 상부에 존재해 모유두와 분리되어 있으며 3~4개월 정도로 전체 모발의 15% 정도 차지하나 산후 탈모증인 경우는 호르몬의 영향으로 30% 정도 차지한다. 약한 자극에도 쉽게 탈락된다.

4) 발생기(Return to Anagen)

배아세포의 세포분열에 의해 모구가 팽창되어 새로운 신생모가 성장하는 기간으로 한 모낭 안에 서로 다른 주기의 모발이 공존해 휴지기의 모발 탈락을 유도한다. 질병, 유전 체질, 연령 등에 따라 차이를 보인다.

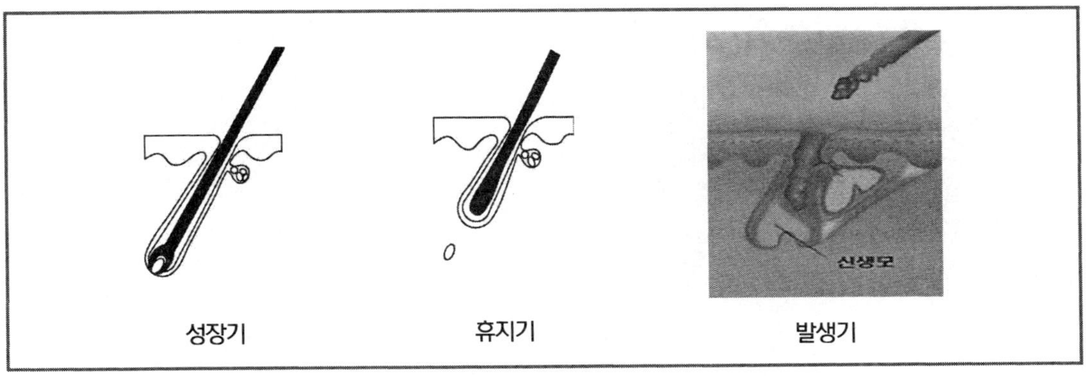

[그림 2-12 ➤ 성장에 따른 모발의 분류]

모발의 성장속도(Growth speed)

- **1일 성장 속도** : 0.4mm 정도
  [1일 전체 모발 성장 길이 : 0.4×10만본=40m]
- **성장기 동안의 모발 성장 길이**
  1일 성장 길이×5년(365×5)=5년 동안의 성장 길이
  0.4×(365×5)=730mm=73cm(성장기 동안의 모발길이)
- **성장 속도 변화요인**
  건강상태, 호르몬, 식생활, 계절, 나이, 성별, 신체 부위 등

[모발의 성장주기를 적고, 그림으로 그려보자.]

모발의 성질

모발은 물리적·화학적인 자극에 의하여 변형 또는 손상이 되는데 이를 모발의 성질이라 한다.

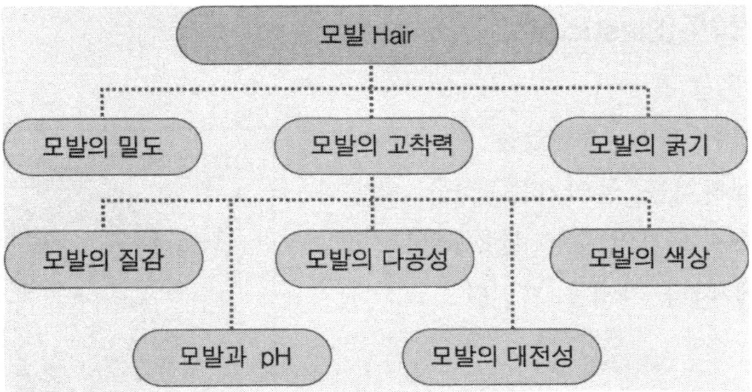

1 모발의 밀도(Density)

일정 넓이에 차지하고 있는 모발의 성김 정도를 말하는데 인종에 따라 밀도가 달라지며 저밀도, 중밀도, 고밀도로 나눈다.

2 모발의 고착력(Adherence Power)

1가닥의 머리카락을 두피(모근)로부터 뽑아내는데 필요한 힘을 말하며 성장기의 모인 경우 50g 정도의 힘이 필요하며 휴지기 모는 20g 정도의 힘이 필요하다.

3 모발의 강도(Intensity)

모발을 당겼을 경우 끊어지는 정도, 모발의 직경, 손상 정도, 영양상태, 수분함량 정도 등에 따라 차이가 있다. 정상모인 경우 150g 이상이며 손상모인 경우 약 100g 이하의 힘이 필요하다.

4 모발의 굵기(Thickness)

모발의 굵기 변화는 남성이 24세 이후, 여성이 30세 이후에 일어나고 연령, 환경, 건강상태, 탈모진행 정도, 인종, 성별에 따라 차이를 보이며 연모와 경모로 나뉜다.

5 모발의 탄성도(Elasticity)

모발에 일정한 힘을 가하였을 때 늘어났다가 다시 제자리를 돌아가는 것을 모발의 탄성도라 하며 모발의 수분 함유량이나 모발의 손상도에 따라 차이를 보인다.

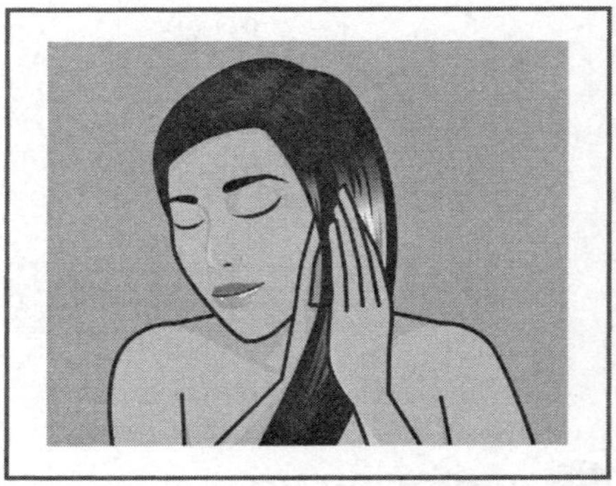

[그림 2-13 ➤ 모발의 질감]

6 모발의 질감(Texture)

모발 표면의 감촉을 말하는데 모발 손상도나 모발의 굵기에 따라 달라진다.

※ 손상모, 경모 > 건강모 > 연모

7 모발의 다공성(Porosity)

모발의 내부에 존재하는 공기층이 수분을 흡수하는 성질로 모발 손상도, 모발의 영양상태, 물에 대한 친수성 등에 따라 차이를 보이는데 흡수성 모일수록 발수성보다 다공성 확률이 높다.

8 모발의 색상(Color)

모발은 인종에 따라 흑갈색계의 유멜라닌과 황적색계인 페오멜라닌에 의해 모발의 색이 결정된다.

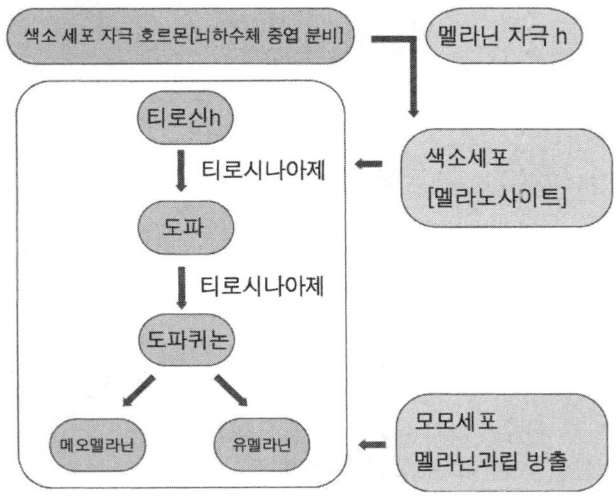

9 모발과 pH

pH란 산성과 알칼리성의 정도를 나타내는 수치로서 0~14까지의 범위이며, 7을 중성으로 보며 7 이상을 알칼리성, 7 이하를 산성이라 한다.

10 모발의 대전성

모발을 브러싱하거나 코밍할 때 브러시에 모발이 엉키는 정전기 현상을 말한다.

모발진단에 따른 관리

• **모발관리 시 필수요소** : 단백질, 수분, pH밸런스

1 가늘고 힘이 없는 모발

선천적으로 머리카락이 약하고 힘이 없는 상태, 손상되기 쉬운 모발로 가늘고, 정전기가 잘 생기며, 서로 엉키기도 쉽다.

① 수분 유지, 단백질과 유분 공급, 일상적인 트리트먼트 시술을 해준다. 단, 화학적 시술은 삼가한다.
② 모표피가 약하기 때문에 드라이 시 헤어로션을 모발에 도포한 후 약한 바람으로 건조한다.
③ 축 처지고 힘없는 머리는 모근부터 말린다.
④ 볼륨있게 머리를 말리고 싶은 경우는 거꾸로 머리를 뒤집은 다음 건조한다.
⑤ 자외선으로부터 멜라닌의 분해가 쉽기 때문에 외출 시 자외선 차단제가 함유된 에센스를 사용한다.

2 굵고 뻣뻣한 모발

① 큐티클 간격이 좁고 비늘층이 두꺼워 쉽게 손상되지 않고, 단백질이 풍부하고 튼튼한 모발, 일상적인 보습효과를 주는 것이 포인트이다.
② 모발에 수분이 30% 정도 남아있을 때 바람의 방향을 위에서 아래로 건조시키면 모발이 차분하고 윤기 있어 보인다.

3 돌돌 말리는 곱슬 머리

① 원래 모발이 부스스하게 일어나거나 모발끝이 잘 뻗친다.
② 일주일에 2~3회 헤어팩을 사용하여 모발을 관리한다.

4 끈적이는 기름진 머리

① 자주 감는 것은 두피나 모발에 더욱 자극을 주어 손상이 될 수 있다.
② 하루에 2회 정도 샴푸를 하더라도, 저자극성 샴푸나 수분을 보충해 줄 수 있는 보습 샴푸제 등의 선택이 중요하다.

5 갈라지고 끊어지는 머리

① 과도한 화학 시술이 원인으로 가장 급선무는 더 손상이 가속화되지 않게 영양 공급에 중점을 두고, 스타일제도 모발에 흡수율이 좋은 에센스를 사용한다.
② 모발에 자극을 주지 않도록 끝이 둥근 브러시나 살이 엉성한 브러시로 모발을 정리한다.
③ 손상이 심한 부분의 모발은 에센스를 주는 것이 가장 현명한 방법이다.

손상요인에 따른 모발진단

① 건강모발
② 물리적 자극으로 모발이 끊어진 상태
③ 화학적 시술로 인하여 모발이 끊어진 상태
④ 잦은 펌으로 인하여 일어난 모표피
⑤ 아이론 펌으로 인한 손상모
⑥ 염으로 인한 화학적 손상모
⑦ 블리치에 의한 손상모
⑧ 잦은 펌, 염색 시술로 모피질이 드러난 상태

CHAPTER

03 [5주 두피, 모발관리준비, 6주 두피관리]

탈모

탈모의 정의

탈모란 머리카락이 빠지는 것을 의미하며 모모세포의 힘이 약해져서 성장기 주기가 짧아지고 반대로 휴지기 기간이 길어져 자라난 모발조차 완전히 성장하지 못한 채 다시 빠져 버리는 비정상적인 상태가 반복되는 현상을 말한다.

탈모의 사전증상

머리숱이 줄어드는 느낌이 심하고 두피가 자주 가렵거나 기름기도 증가하여 비듬이 평상시보다 많이 보이며, 모발에 탄력이 없이 잘 끊어지며 두피가 건조하고 당기는 느낌이 든다.

❶ 탈모의 원인

① 두피의 혈액순환장애
② 다이어트나 불규칙적인 식사 등으로 인한 영양부족
③ 스트레스나 불안 등 심리적인 요인
④ 땀이나 피지 등이 모공을 막고 있는 경우
⑤ 지나친 각화현상으로 모공이 막히거나 좁혀져 있는 경우
⑥ 잘못된 비누나 샴푸 등을 사용한 경우
⑦ 지나친 자극이나 압력으로 모낭에 손상을 입은 경우
⑧ 과로나 고열, 냉증, 빈혈 등에 의한 경우
⑨ 폐경기 이후 에스트로겐 호르몬이 감소하면서 상대적으로 테스토스테론 호르몬이 증가한 경우(항상성 유지)
⑩ 임신에 따른 호르몬 변화

탈모에 작용하는 호르몬의 영향

❶ 뇌하수체 전엽 호르몬

대뇌 아래 뇌하수체는 전엽, 주엽, 후엽으로 분류되며 그 중 뇌하수체 전엽호르몬이 모발에 관여를 하는데 성장호르몬, 갑상선호르몬, 부신피질호르몬, 성호르몬 등을 분비한다.

1) 성호르몬(남성호르몬)

① 안드로겐과 테스토스테론(남성호르몬)이 있으며, 과잉분비 시 탈모진행이 된다.
② 눈썹 아래의 털들은 턱수염과 코밑수염의 성장은 촉진시키지만 눈썹 위부터(이마와 정수리 부위)의 털에 대해서는 성장을 억제한다. 그래서 여성보다 남성이 탈모가 더 잘 일어난다.

2) 성호르몬(여성호르몬)

에스트로겐은 난소에서 분비되는 여성호르몬으로, 모발성장을 촉진시킨다. 여성 항체호르몬인 프로게스테론은 머리털의 성장을 억제시키는 효과가 있고 체모의 성장을 촉진시킨다.

3 갑상선 호르몬

티록산이라는 호르몬을 분비하여 부신을 자극하고, 부신호르몬인 코티솔을 분비시켜 모낭활동을 촉진, 휴지기에서 성장기로 전환을 유도하며, 모발의 길이를 증가시키고 전신의 털의 성장촉진 효과가 있다.

1) 갑상선기능 저하증

무력감이나 기능이 저하됨에 따라 머리 전체에 탈모를 일으킨다.

2) 갑상선기능 항진증

머리 전체에서 탈모증이 일어나며 빠지는 머리는 성장기모보다는 휴지기모로 가늘고 부드러운 것이 많다. 갑상선 호르몬의 분비가 증가하면 성장기모가 성장하기 힘든 환경으로 바뀌게 된다.

탈모의 유형

1 탈모증의 일반적인 분류

1) 휴지기모

모발주기 중 자연적으로 빠지는 모발로 휴지기모가 평균 이상으로 많이 빠지게 되면 휴지기성 탈모증으로 된다.

2) 위축모(영양장애모)

위축모는 성장기의 모근이 파괴되어 가늘게 된 모발을 말하며 모발주기 가운데 성장기 동안에 빠지는 모발로서 성장기모성 탈모증으로 진단하며 위축모의 대표적인 것은 원형 탈모증이다.

2 질병에 따른 탈모의 분류

1) 휴지기성 탈모증

일상에서 자연적으로 빠지는 모발로 기본적으로 휴지기모가 빠지는 증상이나 하루에 100가닥 이상으로 빠지면 탈모로 간주한다.

(1) 분만 후, 피임약 복용 후 탈모증

피임약은 여성호르몬과 소량의 황체호르몬을 배합한 것이어서 이것을 복용하고 있는 중에는 임신 후기와 같이 탈모가 감소되지만 복용을 중지하면 분만 후 탈모증처럼 탈모수가 증가하는 것을 피임약 복용 후 탈모증이라 한다.

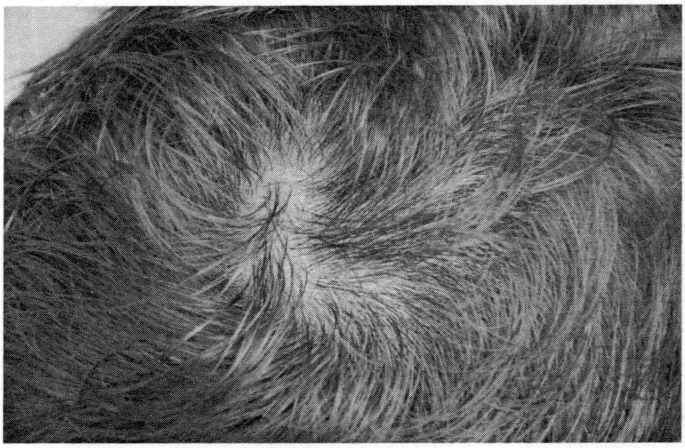

[그림 3-1 ➤ 분만 후, 피임약 복용 후 탈모증]

① 여성 호르몬은 성장기모의 수명을 늘리는 작용을 하므로 출산이 가까워지면서 여성 호르몬의 분기가 증가해 빠지는 털은 감소된다.
② 출산 후 정상적인 호르몬 상태로 돌아가 성장기가 연장되었던 모발이 빠지게 되므로 탈모가 일어난다.
③ 출산 후 2개월부터 6개월까지 지속되다가 약 1년 정도 후에는 원래의 상태로 회복된다.

(2) 남성형 탈모증

전두부와 두정부에 걸쳐 전체적으로 탈모가 되거나 전두부가 점점 후퇴해 가는 것이 특징, 연령은 빠른 경우 17세 또는 30대 후반부터 급격하게 탈모가 되며 보통은 40세를 전후로 탈모가 일어난다.

탈모의 초기는 성장기모가 휴지기모로 변화되어 탈모가 된다.

탈모가 진행되면서 점점 가늘고 부드러운 모가 되기 때문에 빠지는 모발이 눈에 띄지 않는 것이 특징이다.

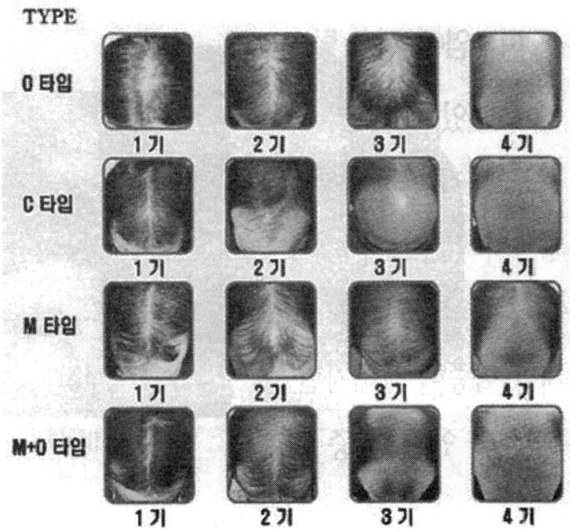

[그림 3-2 ➤ 남성형 탈모증]

(3) 여성에 있어서의 남성형 탈모증(남성형 탈모증)

젊은 여성의 경우 양적으로 여성 호르몬 분비가 많기 때문에 큰 차이를 못느끼지만 여성의 경우 대부분 40대 전후부터 발생한다.

40세 전후가 되면 여성 호르몬의 분비가 감소하여 남성호르몬의 영향으로 남성형 탈모와 같은 형태로 전두부, 두정부의 모발이 적어지고 가늘어지게 된다.

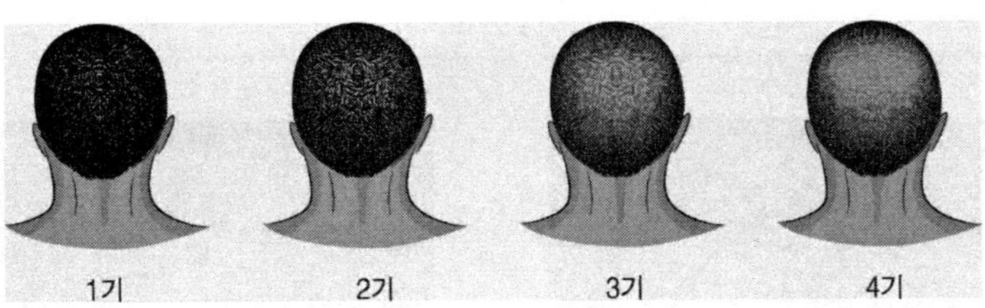

[그림 3-3 ➤ 남성에 있어서의 여성형 탈모증(여성형 탈모증)증]

(4) 지루성 탈모증

두피가 청결하지 않으면 비듬이 증가하여 미생물이 번식하여 가렵고 염증을 유발하며, 염증이 심하면 모낭염 및 지루성 습진이 진행되어 휴지기모의 탈모가 많아지게 되는데 이것을 지루성 탈모증이라 한다.

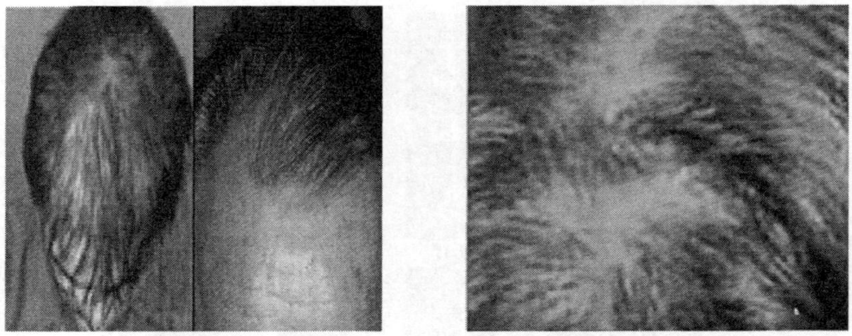

[그림 3-4 ➤ 지루성 탈모증과 접촉성 피부염에 의한 탈모]

(5) 접촉성 피부염에 의한 탈모

두피에 접촉해 있는 염모제 또는 헤어크림 등으로 접촉성 피부염을 일으키는 경우가 있고, 이 요인에 의한 염증이 가벼울 때는 탈모를 일으키지 않지만 염증이 심해지면 탈모가 되는 경우가 있다.

염증치료 후에도 수 주일이 지나서 휴지기성 탈모를 일으키는 경우도 있다.

(6) 내분비 질환에 따른 탈모

뇌하수체에서 분비되는 갑상선 호르몬에 의해 탈모를 일으킨다.

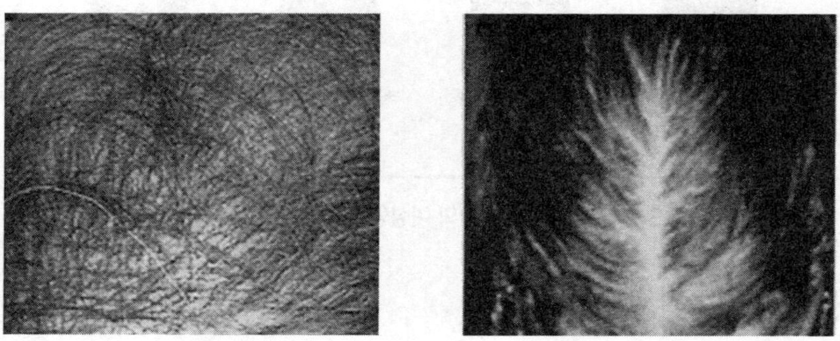

[그림 3-5 ➤ 내분비 질환에 의한 탈모와 영양장애성 탈모증]

(7) 영양장애성 탈모증(다이어트 또는 단식에 의한 탈모)

다이어트나 단식을 할 경우 피부의 건조 및 탈모유발이 되므로 기아 상태에 있는 아프리카 원주민들에게도 탈모가 발견된다.

(8) 약제성 탈모증

항갑상선제는 갑상선의 기능을 억제하는 약을 투여하면 휴지기성 탈모를 유발시키고, 항정신제는 콜레스테롤 합성을 억제 및 모발의 각화가 제대로 이루어지지 않아 모발의 발육장애를 일으켜 휴지기성 탈모증을 유발한다.

(9) 비타민 A 과잉에 의한 탈모

비타민 A는 정상적인 모발발육에 꼭 필요한 영양소이나 과잉복용한 경우 피부 건조와 탈모를 유도한다.

(10) 견인성 탈모증

부주의 한 사고로 모발이 기계에 말려들어가 탈모가 된 경우와 일반적으로 포니테일 같은 머리형을 장기간 계속 자극하여 당기면 측두부나 후두부에 견인성 탈모가 유발된다.

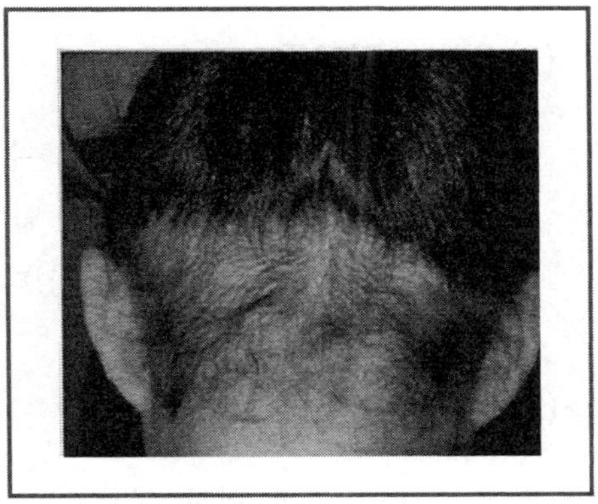

[그림 3-6 ➤ 견인성 탈모증]

2) 성장기성 탈모증

위축모로 성장기의 모근이 파괴되어 가늘게 된 모발이 성장기 동안에 빠져 성장기성 탈모증이라 한다.

(1) 원형 탈모증

특별한 증상이 없이 갑자기 원형 또는 타원형 모양으로 탈모가 발생하는 경우를 말하는데 두발에 발생하는 경우가 많지만 가끔 눈썹, 턱 수염, 음모 등에서도 발생한다.

단발 또는 다발로 발생하고 손톱 크기부터 손바닥 크기까지 다양하며 다발이 융합해 전체 탈모로 일으키는 것을 악성 원형 탈모증이라고 한다.

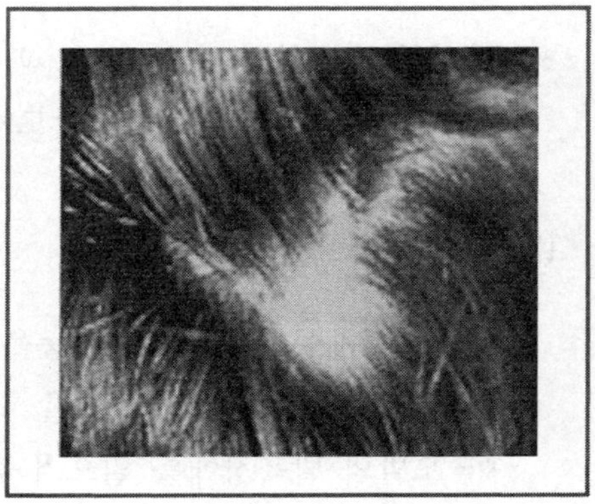

[그림 3-7 ➤ 원형탈모증]

① **원형 탈모증의 원인**

모근 주위의 말초 신경에 이상이 있어 탈모증을 유발하거나 스트레스가 원인이다.(자가면역체계 이상증상)

② **원형 탈모증의 예후**

성인의 원형 탈모증이 단발인 경우 6~7개월 후에는 치료되고 다발형 또는 그 이상 넓은 범위의 탈모는 장기간의 기간이 필요하고 소아의 경우는 재발되거나 더 증세가 심해지므로 세심한 주의와 치료가 필요하다.

(2) 압박성 탈모증

무거운 가발을 착용하거나, 수술 시 두부고정후 받은 압박에 의해 2~3주 또는 6주 후에 일어나는 탈모로 일반적으로 위축모의 형태로 빠지지만 경증인 경우는 휴지기모로 빠지는 경우도 있다.

(3) 약제성 탈모증

주로 항암제에 의한 탈모로 항암제를 투여하게 되면 세포분열이 활발한 생식세포나 모모세포 등은 파괴되기 때문에 모발의 경우 위축모를 만들게 되어 상당히 심한 성장기성 탈모증을 유발한다.

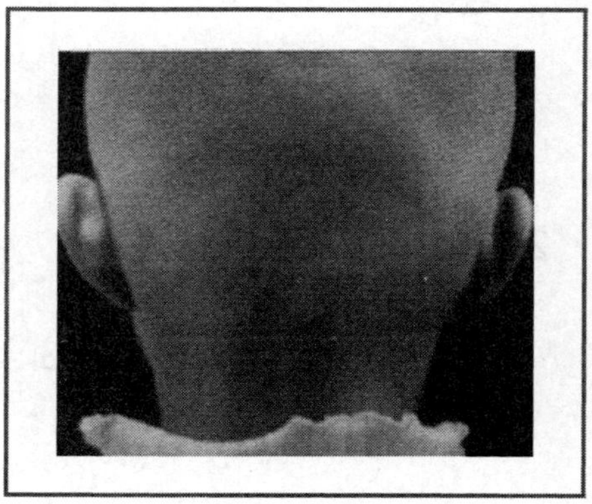

[그림 3-8 ➤ 약제성 탈모증]

(4) 반흔(흉터)성 탈모증

모근의 파괴에 의해 일어난 탈모증으로 외상이나 화상 또는 방사선 조사에 의해 모근이 파괴되거나, 세균감염에 의한 흉터가 만들어져 그 곳에 모발이 자랄 수 없는 경우에 발생한다.

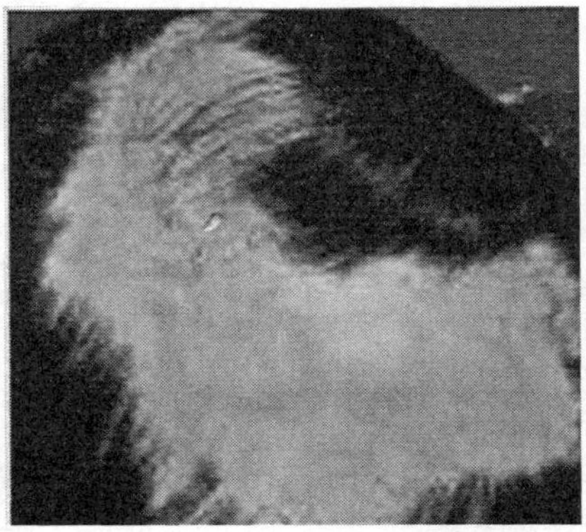

[그림 3-9 ➤ 반흔성 탈모증]

(5) 두부백선에 의한 탈모

두부에 백선균이 감염되어 일어나는 전염성 피부병으로 백선균이 표피의 각질층을 감염시켜 점차적으로 모간 안에 들어가기 때문에 위축모가 되어 탈모가 되거나 모가 끊어지게 된다.

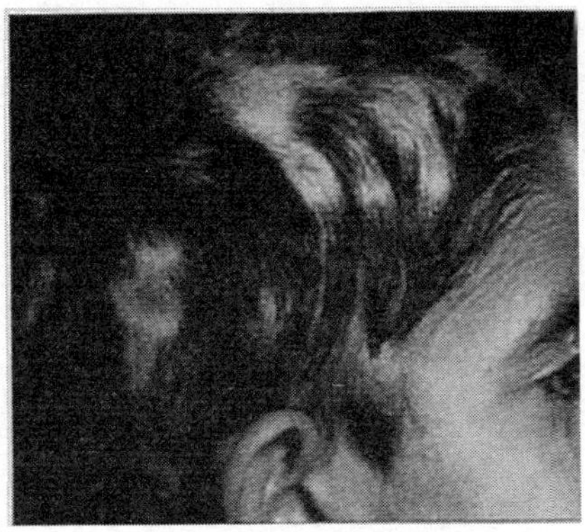

[그림 3-10 ➤ 두부백선에 의한 탈모]

(6) 모낭충에 의한 탈모

모낭충은 1841년 Henle이 처음 발견하였고, 0.3mm 크기의 진드기류로 사람에게는 데모덱스 훠리큘럼과 데모덱스 브레비스 두 가지 종류의 모낭충이 모낭과 피지선에 기생하며 피지선에서 분비되는 피지를 먹고 주로 밤에 활동하는 습성이 있는데 이들로 인해 모공에 염증을 일으켜 탈모를 일으킨다.

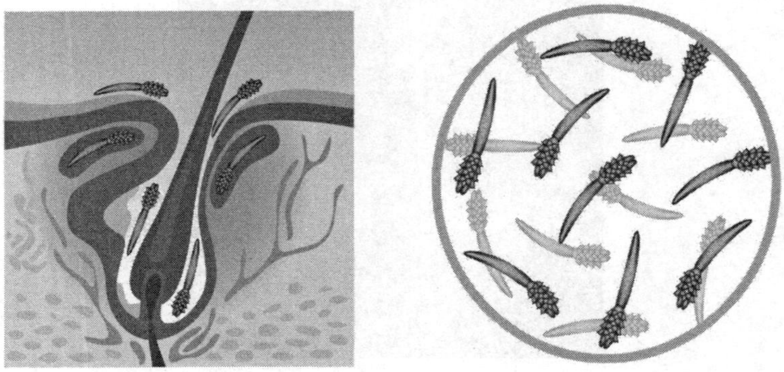

[그림 3-11 ➤ 모낭충지루성 탈모증]

탈모증의 병원치료

탈모증의 병원치료방법으로는 자가 모발 이식과 약물치료 방법이 있다. 일반적으로 가장 좋은 치료는 약물 치료 미녹시딜(Minoxidil, 피나스테리드(Finaseride)이고 스트레스나 심리적 위축으로 인해 우울증이나 불안 증상을 동반하는 경우는 정신과 치료를 요한다.

1 병원 치료 방법

1) 자가 모발 이식(Hair Transplantation)

자가 모발 이식은 탈모 환자의 후기 치료에 널리 사용되며 드물게 빠른 치료효과를 보기를 원하는 환자에게 피나스테리드(Finasteride)와 병행하여 시술되고 자가 모발 이식은 펀치법(Punch method)과 미니그래프트법(Minnigraft Method), 마이크로 그래프트법(Micrograft method), 단일모식모가 있다.

(1) 펀치법(Punch Method)

펀치법은 직경 4mm의 펀치로 10개 이상의 모발을 이식하는 방법으로 이 방법은 1959년에 처음으로 개발되었고, 흉터가 남으며 외관상으로 부자연스러운 단점이 있다.

(2) 미니그래프트법(Minnigraft Method)

직경 2mm의 펀치로 5개 전후의 모발을 이식하는 방법으로 1980년대에 주로 시술되던 방법이며 흉터가 남고 외관상으로 부자연스럽다는 단점이 있다.

(3) 마이크로그래프트법(Micrograft Method)

모발을 두세 개씩 이식하는 방법이다.
단일모발을 한 가닥씩 이식하는 방법으로 모발이 경모에 속하고 모근이 굵은 동양인들에게 적합한 방법으로 흉터가 남지 않고 외관상 자연스럽다는 장점이 있다.

2) 두피 절개술

넓어진 두피를 일부분 절개하여 꿰매는 시술을 하여 정수리 부분의 두피를 앞쪽으로 당기는 시술로 흉터가 남는 단점은 있어도 이식모술 보다는 자연스럽다는 장점이 있다.

3) 냉동 치료법

원형탈모증의 치료 중 원형탈모 부위에 냉동 치료법을 시술하기도 하는데, 이는 탈모 부위에 주 1회씩 냉동치료기를 피부표면에 떨어뜨려 시술하는 방법이다.

4) 조직 확장기를 이용한 두피 재건술

조직 확장기를 이용한 두피 재건술은 두피에 조직 확장기를 삽입하고 팽창시킨 후 두피를 재건하는 시술로 조직 확장기가 성형외과 영역에서 사용되면서 탈모 부위에서 성공적으로 시술되고 있는 방법이다.

5) 약물치료 방법

현재까지 병원에서 탈모증 치료제로 가장 많이 사용되는 의약품으로는 미녹시딜과 피나스테리드가 있다. 미녹시딜과 피나스테리드는 남성형 탈모증 치료제로 사용되며, 탈모방지 의약품으로써 미국 FDA의 승인을 받은 치료제이기도 하다.

(1) 미녹시딜

두피도포용으로 남성형 탈모증에 사용되며 원래는 고혈압치료제로 개발된 약물이며 고혈압 환자에게 사용하던 중, 이마나 손등에 털이 나는 것을 계기로 대머리 치료제로 개발된 약이다. 미녹시딜은 혈관을 확장시켜 국소적인 두피의 혈류를 증가시켜 모모세포를 활성화시켜 탈모진행을 더디게 하고 솜털을 자라게 하지만 굵은 털이 길게 자라는 효과를 기대하기는 어렵다.

(2) 피나스테리드

남성형 탈모증과 전립선 비대증을 치료하는 약제이며 원래 양성 전립성 비대증을 치료하기 위해 개발되었으나 연구 과정에서 모발성장을 촉진시킬 수 있다는 점이 밝혀지면서 탈모 치료제로 쓰이게 되었다.

CHAPTER

04 [7주 두피관리]

모발

영양

우리 몸의 필수적인 영양소의 원활한 공급에 있으며 영양불균형은 신체악화의 원인이 되기도 하며 탈모의 근원이므로 두피와 모발에 좋은 음식섭취야말로 건강한 모발과 두피를 유지하는 방법이다.

영양소

우리가 먹는 식품의 구성 물질로 체내에서 여러 가지 다양한 경로를 통해 생명유지 및 인체건강과 성장을 촉진시키는 역할을 한다. 인체에 에너지를 주는 영양소는 탄수화물, 단백질, 지방이며 이중 탄수화물과 지방이 에너지 급원으로 사용된다. 또한 무기질, 비타민, 물은 에너지로 사용되지 못하나 신체에 꼭 필요한 영양소들이다.

영양소의 소화 흡수와 경로

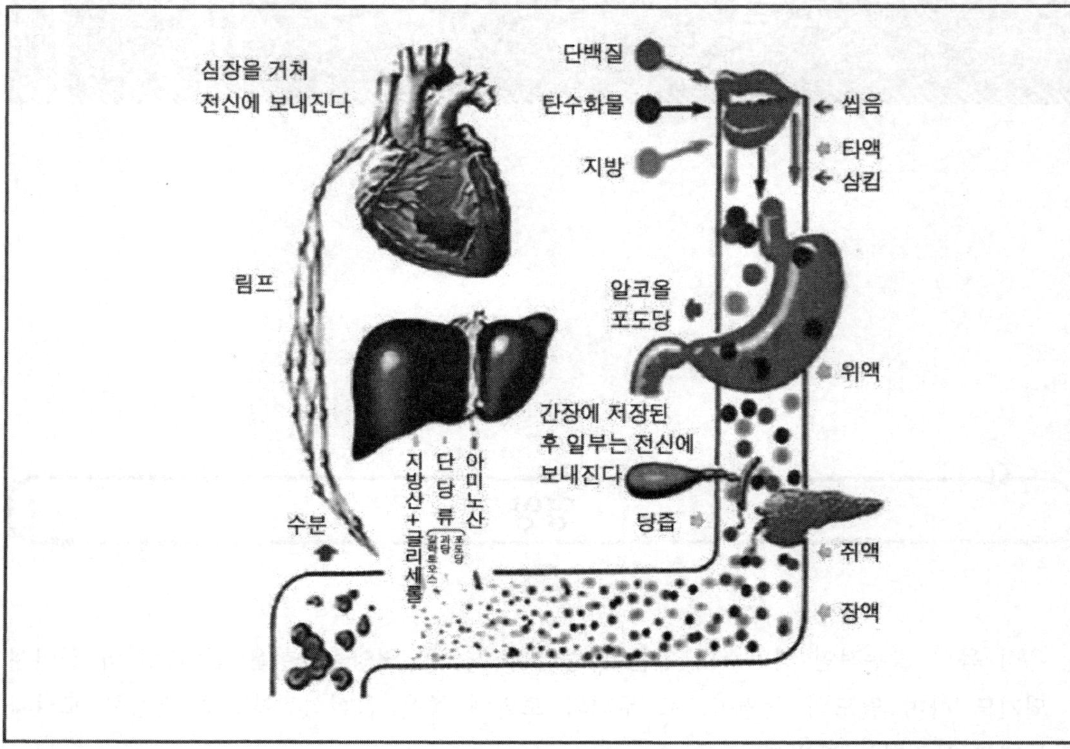

[그림 4-1 ➤ 영양소의 운반과 배설경로]

① 입

음식소화가 처음으로 시작되는 곳이며 음식물이 입안에 머무는 시간이 짧아 많은 소화 작용은 일어나지 못한다.

② 식도

음식물 덩어리를 입 ~ 위까지 운반해주는 통로 역할을 한다.

③ 위

소화기관 중 산성을 띠고 있으며 여러 형태의 세포가 있어 소화에 다양하고 중요한 분비물들을 만들어낸다.

④ 소장

영양의 소화와 흡수가 일어나는 주요 장소이며 영양소의 화학적 분해는 거의 모두 소장에서 일어난다.

⑤ 대장

소화기관의 마지막 부분으로 대장에서 제일 중요한 기능은 물을 재흡수하고 신체로부터 필요 없는 물질들을 내보낼 준비를 하는 곳이다.

두피에 이로운 음식과 해로운 음식

[그림 4-2 ➤ 두피에 이로운 음식]

1 두피에 이로운 음식(두피, 모발에 좋은 음식)

1) 하루 2.5리터의 물

물이 필요량보다 적게 섭취될 경우 두피가 얇아져 혈액순환이 저하되며 두피의 건강이 나빠지면서 탈모가 심해지고 물을 적게 마시는 사람은 건성두피로 비듬이 많이 생기게 된다. 물이나 생수를 많이 마시면 모발과 두피에 매우 좋다.
따라서 정수기를 통한 물이나 생수를 차게 보관하여 육각수를 만들어 마시면 모발과 두피에 매우 좋다.

2) 녹차

① 녹차에는 비타민 A와 C가 많아 피부, 두피, 두발을 건강하고 윤기나게 해준다.
② 녹차의 카페인은 중추신경의 작용을 원할하게 하고 정신기능 증진 및 사고력 향상시키고 피로회복에 좋다.
③ 이뇨작용촉진, 노폐물 배출, 혈액순환을 도와 폴리페놀 성분은 위장운동 활성화, 타닌은 위장의 세포를 보호해주고 모세혈관확장, 두피의 혈액 순환을 도와준다.

3) 고추, 고추장, 마늘, 그리고 김치

고추와 고추장 그리고 마늘의 매운 맛은 지방을 분해하고 혈관을 확장시켜 혈행을 좋게 한다. 고추와 마늘에는 비타민 B가 많이 함유되어 몸에 흡수된 당질을 에너지로 바꾸어 피로를 회복시키고 온몸의 기능을 활발하게 한다.

4) 동물의 간

간에 풍부한
• 비타민 A – 모공주변이 각질화되어 탈모되기 쉬운 상태를 막아주고,
• 비타민 B_2 – 피부의 신진대사에 중요한 역할,
• 비타민 B_6 – 모발의 성장을 돕는 역할.

① 소의 간 – 탈모를 막는 비타민 A, B_2, B_6가 풍부하고, 지방함량이 적고 단백질은 풍부하여 탈모를 방지하는 식품이다.

② 닭 간 – 핵산이 풍부하여, 주 1회 정도 먹게 되면 얼굴의 주름, 여드름, 흰머리가 없어지며 피부에 윤기가 있고 탈모방지에 효과적이다.

5) 두피의 말초미세혈관을 열어주어 각종 영양분을 공급하는 식품

① 각종 잡곡류
② 녹색, 황색 채소
③ 현미

6) 모발성장 촉진식품

① 조개류, 육류, 생선류
② 마늘, 양파, 고추, 계란
③ 시금치, 과일 종류

7) 모발성장촉진 및 두피각질감소 식품

① 시금치, 당근, 호박
② 토마토, 계란, 우유
③ 각종잡곡과 육류 등

8) 모근과 모구를 강하고 두피혈액순환을 돕는 식품

① 싱싱한 야채류, 산채, 뿌리채소와 과일
② 육류, 생선류, 조개류, 배추
③ 무잎, 풋고추, 참치, 멸치
④ 꽁치, 고등어 등

9) 모발강화에 도움되는 식품

① 검은깨, 검은콩, 현미
② 호두 등의 잡곡과 구기자
③ 다시마, 미역, 김, 녹차 등

2 두피에 해로운 음식

[그림 4-3 ➤ 두피에 해로운 음식]

1) 튀긴 음식

튀긴 음식은 혈중 과산화 지질을 증가시키고, 인체를 산화시켜 두피에 좋지 않다.

2) 지방과 탄수화물의 과잉섭취

고도 비만 및 성인병의 급증과 밀접한 관계가 있다.
과잉 섭취시 두피모근의 활동을 저해시키고 비듬이 많은 사람은 비계가 많은 살코기, 소기름, 돼지기름, 초콜릿, 치즈, 비스킷, 케이크, 음료수 등의 섭취를 삼가하는 것이 바람직하다.

3) 폭식과 과식

폭식과 과식은 잉여된 열량을 만들어내고 이는 곧 지방으로 변화되면 비듬이 생기고 비만증도 생긴다. 후에는 피부가 거칠고 모발성장도 불량하게 된다.

4) 오백식품

백미, 백설탕, 흰 밀가루, 흰 소금, 조미료는 오백식품이라 하며 가급적 우리 식탁에서 멀리 해야 한다. 백미보다는 현미식을 백설탕보다는 벌꿀을, 정제된 흰 소금 대신에 검은색이 나는 천일염을 프라이팬에 가볍게 볶아서 가루로 만들어 먹는 것이 좋다.

5) 밀가루 음식

밀가루로 만든 음식은 쉽게 당분화되기에 섭취량을 줄이며, 밀가루 음식(빵, 파스타 등) 섭취되면 바로 당분형태로 흡수되어 인슐린 분비를 촉진시키는 역할을 하므로 과다섭취시 호르몬의 균형이 깨져 모발에 좋지 않은 영향을 미친다.

6) 너무 맵거나 짠 자극적인 음식

염분과다 섭취 시 혈압 상승 및 나트륨의 수분 보존 성질로 인해 신장과 심장에도 부담을 주고 성인병, 혈액순환장애를 일으켜 탈모증을 발생시킨다.

7) 커피, 담배

커피와 담배에 많이 들어 있는 카페인은 혈압상승, 스트레스를 촉진시켜 혈액 부족 현상을 초래. 특히 담배의 니코틴은 혈액순환을 방해하고 폐 기능 저하 및 두피 건강에 해롭다.

8) 가공식품 및 단 음식

사이다, 콜라 등의 청량음료나 아이스크림류, 과자, 빵, 라면, 햄, 소시지 등 인스턴트 가공식품 및 단맛은 피부를 느슨하게 하는 성질이 있어 머리카락이 쉽게 빠진다.

9) 고소한 음식

남성호르몬을 미량 함유하고 있는 밀눈, 땅콩, 효모 등을 많이 섭취하면 모발건강에 좋지 않다. 고소한 음식은 남성호르몬과 유사한 작용물질을 함유하고 있기 때문에 탈모로 고민하는 분들은 이러한 음식은 피하는 게 좋다.

10) 늦은 밤의 야식

잠자기 전 밤참을 먹으면 다음날 아침 얼굴에 유지방의 분비를 증가시키고, 피지 분비의 이상을 일으켰기 때문이다.
이 같은 생활방식은 곧 비듬이 생기게 하는 원인이 된다. 따라서 밤참을 즐겨 먹거나 심야에 술을 마시거나, 도박을 하는 사람은 탈모의 길로 들어서는 것과 다름없다.

미네랄테스트(모발검사)

① 모발은 머리를 보호하는 기능도 있지만, 신체에 불필요한 수은, 비소, 아연 등의 중금속을 흡수하여 체외로 배출하는 기능도 있다.
② 이런 모발의 기능을 이용한 검사가 바로 미네랄 테스트로 탈모가 원인을 찾아내기 위하여 체내의 중금속 축적량과 미네랄의 적절한 균형을 체크하여 어떤 미네랄의 높음과 낮음에 의해 탈모가 일어나는지 알아보는 검사이다.

1 미네랄테스트 방법

모발을 채취하여 분석을 하는데, 이때 모발 채취방법은 다음 그림과 같다.

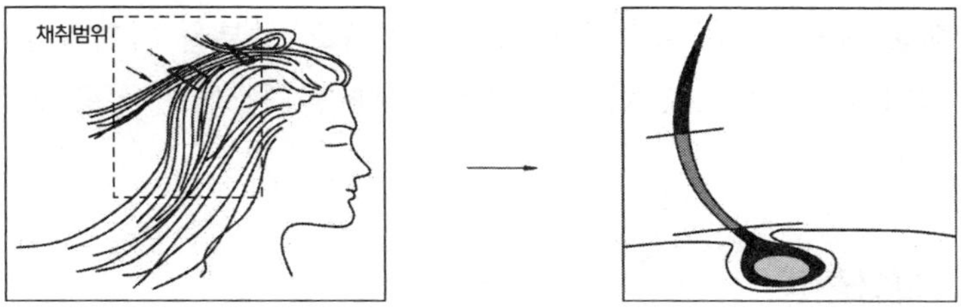

[모발채취방법]

탈모를 일으키는 미네랄

1 마그네슘과 탈모(Mg)

1) 마그네슘섭취의 부족 증상

칼슘, 인과 매우 밀접한 관계에 있으며 세포 내 존재하면서 에너지 생산을 조절하는 효소계에 70%를 관여한다.

피로, 불면증, 월경 전후 증상, 고혈압, 당뇨병, 천식, 탈모, 백발 등에 관련이 있다.

2) 마그네슘섭취의 과다현상

모발의 미네랄테스트 분석 중 체내 높은 마그네슘의 축적상태는 지나친 머리카락의 화학적 시술 등에 의해서도 마그네슘 축적률이 높게 나타날 수 있다.

3) 마그네슘을 식품으로 섭취하려면?

해조류, 소맥배아, 콩, 시금치, 다시마, 아몬드, 현미, 녹황색 채소 등을 섭취하면 건강한 두피와 모발을 가질 수 있다.

2 인과 탈모(P)

1) 인섭취의 부족 증상

인은 탄수화물, 아미노산, 지방질 대사과정에 중요 부분을 차지한다.
인성분의 결핍 시 피부건조, 피곤, 내분비 장애 콜레스테롤의 증가 등이 나타날 수 있다.

2) 인섭취의 과다현상

모발 내 인 수준은 인체상태를 그대로 반영하지는 않으며 칼슘, 비타민-D 대사, 마그네슘 등의 섭취량과 반비례의 관계를 나타내며 특히 인섭취의 과다시 음모(Pubic Hair)검사에서는 항상 상승된 인의 수치가 나타난다.

3) 인을 식품으로 섭취하려면?

호박, 미꾸라지, 해조류 등을 섭취하여 건강한 모발과 두피를 유지할 수 있다.

3 망간과 탈모(Mn)

1) 망간섭취의 부족 증상

망간성분이 부족하면 알레르기, 당뇨병, 피로, 두통, 지구력 부족, 손톱과 모발의 성장저하, 피부염, 체중감소 등 건강상의 문제가 나타나며 망간의 재공급 시 구리와 철분의 밸런스가 깨어지지 않도록 주의한다.

2) 망간섭취의 과다현상

망간은 세포의 호흡, 지방질 및 탄수화물 대사 등에 관계하며 특히, 비타민과 미네랄의 이용을 도와주어 효소의 활성화, 생식작용과 성장, 성호르몬 생산, 갑상선 호르몬 생산, 스테로이드호르몬 생산 등에 밀접하게 관여한다.

3) 망간을 식품으로 섭취하려면?

인삼, 견과류, 해조류 등을 적절히 섭취함으로써 건강을 관리할 수 있겠다.

4 철과 탈모(Fe)

1) 철섭취의 부족 증상

철성분이 부족하면, 빈혈, 탈모, 판단력 저하, 손톱연화, 변비, 성장 장애, 생리불순, 면역력 저하 등과 관련이 있다.

2) 철섭취의 과다현상

어떤 식품이든지 과다복용하게 되면 부작용이 일어나기 쉽다. 변비, 구토, 메스꺼움, 위장 장애가 일어날 수 있으므로 주의 하는 것이 좋다.

3) 철을 식품으로 섭취하려면?

철이 들어있는 식품을 적당량 섭취하는 것이 좋다.
육류, 소의 간의 철분은 체내흡수율이 좋으며 고등어는 심혈관계 질환 예방에 좋고, 오메가 3가 충분히 들어있고 철분이 함유되어 있다. 김에는 철분이 함유되어 있다.
해조류, 아스파라거스, 토마토 성분에도 철분이 함유되어 있다.

5 구리와 탈모(Cu)

1) 구리섭취의 부족 증상

아연보다 구리섭취량이 적으면 콜레스테롤의 신진대사가 원활하지 않으며 철과 함께 적혈구가 산소를 운반하는데 도움을 주는 구리는 갑상선의 기능 활성화에 기여, 결핍시 빈혈, 콜레스테롤 수치 상승, 류마티스 관절염, 파킨슨씨병과 같은 신경학적 장애를 야기시키며, 노화, 피부염, 허약증세, 탈모 등과도 관련이 있다.

2) 구리섭취의 과다현상

구리는 세포에서 면역기능을 발휘작용 및 혈관벽의 탄력성을 부여하는 작용 등을 하며 대뇌중추신경계의 완전성이 유지되도록 보호 작용을 한다. 모발의 구리수준을 상승시키는 또 다른 요인으로는 펌, 염색, 탈색 등을 들 수 있다.

3) 구리를 식품으로 섭취하려면?

간, 육류, 콩, 녹색채소 등이 구리함유식품이다.

6 아연과 탈모(Zn)

1) 아연섭취의 부족 증상

인체 내 아연 결핍현상은 발육부진, 시각과 미각기능감퇴, 면역기능손상, 피로, 설사, 빈혈, 야맹증, 관절염, 건조한 피부, 여드름, 피부염, 각막염, 원형 탈모증, 성장장애, 성기능장애(남성 발기불능), 여성불임증, 알코올 중독, 당뇨병, 간 경화 등이다.

2) 아연섭취의 과다증상

아연(Zn)은 면역력을 증가시켜 감염으로부터 인체를 보호하고 호르몬, 핵산 단백질의 합성에 관여하며 사람의 눈, 가슴과 생식계통에 아연 함유량이 높게 나타난다. 아연의 수치가 높게 나타날 때에는 아연이 포함된 샴푸 및 제품의 사용 등으로 인한 외부 오염이나 비활성 아연의 침착으로 볼 수 있다.

3) 아연을 식품으로 섭취하려면?

굴, 붉은 살코기, 콩, 씨앗 등의 아연이 풍부한 함유식품이다.

7 미네랄과 탈모(Se)

1) 셀레늄섭취의 부족현상

심근괴사증에 걸리기 쉬우며 체중 감소, 원형탈모증, 안절부절, 근육통, 골격과 근육 퇴화, 성장 지연, 면역기능 감소, 정자가 기형으로 성장하게 하여 임신에 영향을 미친다.

2) 셀레늄섭취의 과다증상

셀레늄은 산화효소의 중요한 성분이며 면역력 향상에 기여하며 중금속중독을 예방에 많은 기여를 하며 지나치게 과잉 섭취 시 독성을 나타낼 수 있어 주의토록 한다.

3) 셀레늄을 식품으로 섭취하려면?

버터, 우유, 오렌지주스 등이 셀레늄의 함유식품이다.

탈모를 일으키는 중금속

[그림 4-4 ➤ 탈모를 일으키는 중금속]

1 알루미늄과 탈모(Al)

1) 높음

해소제로는 요쿠르트, Vit B

신장기능이 약해지고 신경결석이 있는 사람은 알루미늄 수치가 상승하며 구리, 철, 아연의 흡수를 제한하고 탈모, 위장장애, 복통, 식욕상실, 기억력 감퇴, 건망증, 치매증, 신장결석 등을 일으키며 나타난다.

2 수은과 탈모(Hg)

1) 체내축척정도가 높으면?

해소제로는 콩, 마늘, 양파, 계란, 셀레늄, 아연, Vit.C가 있다.

모발 내 수은의 양은 인체 내 축적의 정확한 지표가 된다.
수은은 극도로 활동적인 중금속으로 신경 정신 계통, 심혈관계통, 근육조직 계통, 면역계통, 알레르기 계통에 영향을 주며 손톱변색과 탈모 현상을 일으킨다.

3 납과 탈모(Pb)

1) 체내축적정도가 매우 높으면?

납은 칼슘, 마그네슘, 아연의 체내 흡수나 활동을 방해하며, 모발은 납의 체내 축적 정도를 확인하기 용이하며 장기간 축적은 기억력과 사고력에 영향을 미치며 10ppm 이상의 아동은 학습능력에 영향을 미친다.

4 카드뮴과 탈모(Cd)

1) 체내축적정도가 높으면?

해소제로는 숙주나물과 콩나물이 있다.
축척정도가 높으면 근육과 골격의 이상, 미네랄의 흡수방해, 피로, 식욕감퇴, 피부염, 건성피부 등이 나타날 수 있다.

5 비소와 탈모(As)

1) 체내축적정도가 높으면?

비소는 적은 량의 축적도 독성이 강하여 많은 다양한 증상의 형태를 보이며 탈모, 권태감, 피로, 두통, 근육통 어지러움, 구토, 설사, 변비 등이 나타난다.

탈모예방 식이요법

탈모예방의 식이요법은 포화지방(동물성 기름)과 정제 설탕이나 당분이 많이 들어있는 음식을 최소화시키는 것이다.

동물성 기름이 대부분인 포화지방은 남성호르몬의 혈중 농도를 높이고, 당분이 많은 음식은 인슐린호르몬의 분비를 높여 그 결과로 필수지방산인 아라키돈산(arachidonic acid)생성이 증가 되고 이것이 남성호르몬 생성의 재료가 되어 남성호르몬의 분비를 높여 주기 때문이다.

1 탈모예방 식이요법

동물성 기름과 당분을 최소화한 식이요법은 탈모방지에 도움이 되며 추가로 DHT 생성을 억제하는 녹차를 이용한다면 탈모예방 효과가 더욱 커질 것이다.

① 단백질 : 탄수화물 : 불포화지방 = 30 : 40 : 30의 비율로 짜여진 식단으로 구성한다.
② 기름기가 제거된 고기, 닭고기, 생선(특히 등푸른 생선), 식물성(콩) 단백질을 이용한다.
③ 불포화 지방인 식물성 기름을 사용한다.
④ 과일, 채소, 콩 등을 많이 섭취하고 감자, 파스타, 빵 등 밀가루(가공식품) 음식은 되도록 피한다.
⑤ 술, 담배, 카페인 등은 최소화 하며, 과식하지 않고 조금씩 자주 먹는 식사습관을 가지고 형성 인스턴트 음식을 피하며 자연식품을 섭취하도록 한다.

탈모를 예방하는 식습관

- 하루 세끼를 꼭 챙겨 먹는다.
- 식단은 육식, 채식, 해산물을 골고루 먹어야 한다.
- 아침은 밥, 생식, 시리얼 중 부드러운 것으로 고른다.
- 저녁은 잠들기 전 2시간 전에는 식사를 마치도록 한다.
- 과식은 되도록 피한다.

CHAPTER

05 [7주 두피관리]

상담

건강한 두피관리는 관리실에서만의 전문관리가 아닌 평상시 고객의 생활환경을 파악하는 것은 고객에게 유용한 정보를 제공할 수 있는 중요한 부분이다.

1 상담(Counselling)의 정의

1) 두피 관리 차원의 상담

두피 관리사에게 상담의 의미는 고객과의 1 : 1 대화과정을 통하여 고객 두피 및 모발에 대한 문제점을 라이프스타일이나 건강상태 등을 체크하여 고객에게 두피관련의 문제점에 대한 해결방안을 제시하고, 행동으로 옮길 수 있도록 도와주는 과정을 의미한다.

상담의 목적 및 필요성

1 상담의 목적

상담은 고객과의 대화에 의해 전문가다운 언어를 사용하여 문제를 해결하는 과정이라고 할 수 있으며 두피관리 상담의 목적은 3단계로 나누어진다.

① 두피 모발 탈모에 관한 정보와 지식을 전달하여 고객의 인식이나 태도를 바꾸도록 도와준다.
② 두피 관련의 문제점의 요인이 되는 생활습관을 지적하여 좋은 습관으로 변화하도록 도와준다.
③ 개선된 생활 습관을 유지하도록 도와준다.

2 상담의 필요성

상담은 고객을 바람직한 방향으로 바뀌도록 도와주고 자율의지를 가지게 하는 과정이며, 상담의 최종 목적은 고객 스스로 라이프스타일에 따른 자기 조절임을 인식하게 하는 것이다.

1) 두피관리 상담의 4요소

두피 관리에 있어서 상담이란 상담자(관리사)가 두피와 모발의 문제점을 해결하기 위해 방문한 고객에게 올바른 관리법을 지도하여 고객의 욕구를 충족시켜주는 과정으로 두피관리상담은 일반적으로 다음과 같은 4가지 요소(Factor)로 구성된다.

① **상담자** : 두피관리사
② **목 적** : 치료, 예방, 홈 케어법 정보전달
③ **문 제** : 탈모, 지성, 비듬, 건성, 문제성 두피
④ **방 법** : 문제해결법 및 관리법제시 및 제안

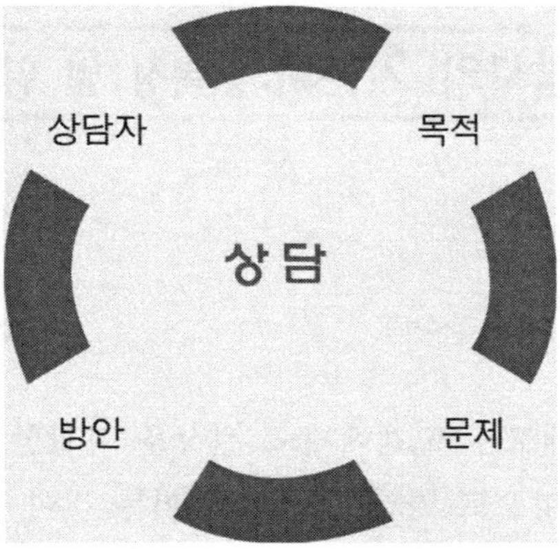

2) 상담사의 3요소

두피관리 상담자는 두피에 관한 전문지식과 이론을 바탕으로 고객에 대한 배려를 통해 고객의 문제점과 고민을 해결하고자 하는 태도가 필요하다.

① **신뢰** : 고객으로 부터의 신뢰, 관리효과에 대한 지식과 신뢰
② **지식** : 두피와 모발에 관련된 전문이론 및 임상결과로 쌓여진 노하우
③ **배려** : 고객을 진심으로 관리하겠다는 마음가짐

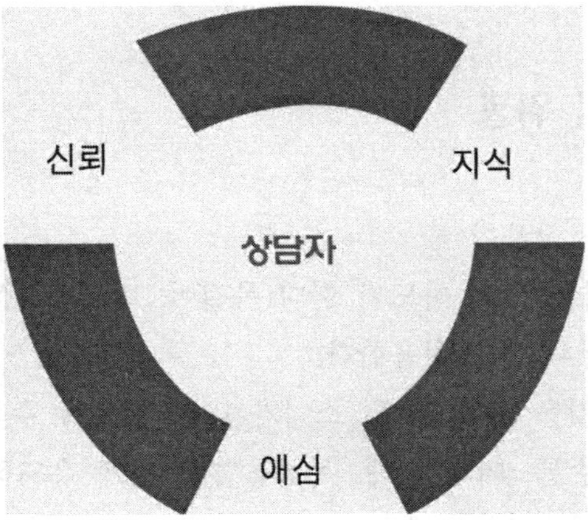

상담사의 기본자세(복장 및 위생)

1 상담사의 자세

① 상담자의 긴장된 태도는 고객에게도 긴장을 유발할 가능성이 크므로 자연스러운 자세로 고객 방향으로 약간 몸을 기울이는 것이 좋다.
② 상담자는 앉아 있을 때 다리를 꼬거나 내려앉지 않는다.
③ 상담자는 약간의 몸짓을 통하여 고객에게 이해도를 높여준다.
④ 상담자가 손을 많이 흔들거나 팔짱을 낀다면 고객에게 거만하게 비칠 수 있으므로 주의한다.
⑤ 상담자는 자신의 자세와 몸짓이 어떤 의미를 전달하는지 주의하고 이는 자신이 의도한 것인지를 분명히 파악해야 한다.
⑥ 효과적인 상담을 위해서 고객의 말씀에 귀 기울이는 태도가 중요하다.
⑦ 큰소리로 이야기 하거나 크게 웃지 않는다.
⑧ 고객에게 반말 등 단적인 표현은 삼가 한다.

2 상담사의 복장 및 위생

① 상담자는 명찰을 작용한다.
② 화려한 액세서리는 주의 하도록 한다(목걸이, 반지, 귀걸이, 발찌).
③ 시술하기 편안한 복장을 착용한다.
④ 신발은 편안한 것을 신고, 구두 소리가 나지 않도록 주의한다.
⑤ 상담자는 항상 손톱, 머리 상태, 복장을 깨끗하게 유지하도록 한다.
⑥ 상담자는 강한 향수 및 음식물 냄새, 땀 냄새 등이 나지 않도록 한다.
⑦ 늘 주변을 청결히 유지하며 시술한 도구는 소독을 하여 늘 균에 감염되지 않도록 유지한다.

고객 상담 방법

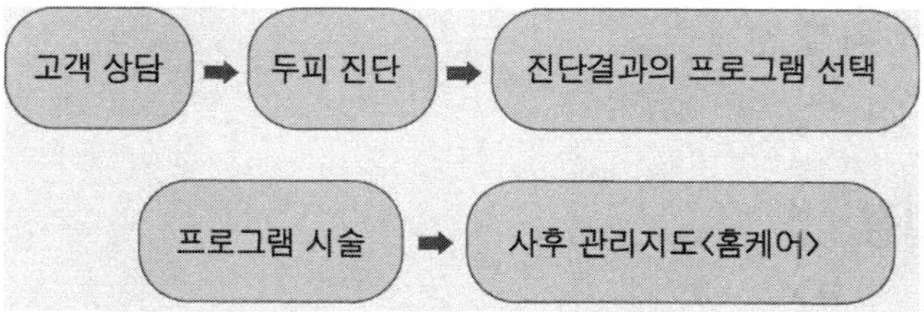

[고객 관리 프로세스]

1 시술 전 고객 상담

고객에 관한 정보와 라이프 스타일, 건강상태 등을 확인할 수 있는 근거로 활용되며 고객의 지속적인 관리를 위한 고객상담 차트가 작성된다.

2 두피 진단

1) 두피 진단 1차 진단 : 시진, 문진, 촉진

① **시진** : 두피의 색상, 각질 상태, 피지 분비량의 여부, 모발에 묻어있는 피지상태, 모발의 손상여부를 육안을 통해 파악한다.

② **촉진** : 손에 만져지는 피지상태, 땀의 분비량, 긁었을 때 각질여부와 탄력도, 경직상태를 촉각으로 파악한다.

③ **문진** : 상담카드 및 진단카드를 작성하기 위한 여러 가지 체크사항을 통해 고객의 생활 패턴을 파악한다.

2) 두피 진단 2차 진단 : 두피 진단기로 측정

① 모발의 밀집도

② 모발의 굵기

③ 모발의 처음－중간－끝의 손상도

④ 두상 피부의 색상

⑤ 두상피부의 예민도 및 문제성

⑥ 두상피부의 피지량 및 땀의 분비량

⑦ 모공상태의 각질 상태

3 프로그램 설정

두피관리 프로그램 설정 단계에서의 상담이란 고객의 두피 타입에 맞는 구체적 관리 시스템을 결정하는 상황에서 관리사와 고객의 의사소통을 하는 과정이다. 따라서 두피의 특징에 맞는 제품, 관리사, 마사지 프로그램을 결정하기 위한 과정 중 중요한 내용이다.

4 관리 중 상담

두피관리 중 상담은 두피관리 효과 상승을 위한 과정으로 고객에게 정확한 타입별 관리를 하면서 관리 중의 불편사항이나 두피 호전도에 따른 프로그램 변화 등의 상담을 통해 관리효과를 증대시키는 데 있다.

5 관리 후 상담(사후 관리-홈케어)

관리 후 상담이란 샵에서 관리가 끝난 후, 홈 케어를 통해 개선된 두피 관리 효과를 지속적으로 유지하고 라이프 스타일에 따른 두피상태를 유지할 수 있도록 두피 관리법을 고객에게 안내해주는 상담자로서의 충분한 지도와 안내가 필수적이다.

프로그램시술

－두부 마사지 : 두피 내 혈액순환 촉진

－두피 스케일링 : 두피 내 피지, 산화 각질, 이물질 제거

－두피 클린징 : 두피 타입에 따른 세정제 선택

－두피 영양제 : 두피 타입별 세정제 사용 후 두피 진단결과에 따른 앰플 도포

상담 시 주의 사항

1 시술 전 상담의 주의 사항

① 두피관리는 단기간에 되는 것이 아니라는 것을 알려주는 것이 중요하며 고객이 어떤 타입에 해당되며 관리는 어떻게 해야 하는지 자연스럽게 인지하도록 해준다.

② 고객의 노력이 부족하기 보다는 두피관리의 어려움을 인식시켜 주어야 한다. 고객의 바람직관 생활습관을 갖도록 주지시킨다.

③ 두피 관리의 전 과정은 고객의 신뢰와 의지가 필요하기 때문에 과장된 표현은 자제한다.

2 관리 중 상담의 주의 사항

① 정확한 지식전달을 한다.

② 관리 전, 관리 후의 정확한 비교분석을 시행한다.

③ 고객의 심리적 안정을 배려한다.

④ 일정의 주기적 상담을 한다.

3 관리 종결 후 상담의 주의 사항

① 고객에 대한 장기적인 관심과 배려를 갖고 상담한다.

② 두피관리는 평생관리라는 인식을 시킨다.

③ 두피관리는 고객의 꾸준한 노력이 필요함을 인지시킨다.

상담카드 및 진단카드 작성

■ 결혼

결혼	YES	NO
결혼을 했다.	( )	( )
출산 이후 산후탈모경험이 있다.	( )	( )
산후 영양부족(몸조리)현상이 있었다.	( )	( )
부모님과 함께 살고 있다.	( )	( )
맞벌이 부부이다.	( )	( )

■ 직업

직업	YES	NO
본인 스스로 생각하기에 작업환경이 좋습니까?	( )	( )
일에 대한 즐거움이 있다.	( )	( )
근무시간은 평균 8시간 이상 정도이다.	( )	( )
야간 근무를 한다.	( )	( )

■ 생식기

생식기	YES	NO
생리 주기가 불규칙하다.	( )	( )
현재 피임약을 복용 중이다.	( )	( )
자궁염 및 기타 자궁질환 및 적출수술한 적이 있다.	( )	( )
전립선 치료제를 복용 중이다.	( )	( )

■ 식습관

식습관	YES	NO
현재 다이어트 또는 폭식하는 편이다.	( )	( )
편식을 하는 편이다.	( )	( )
체내 지방 성분이 많다.	( )	( )
비타민을 과잉 섭취한다.	( )	( )
인스턴트 음식을 좋아한다.(1주일에 3번 이상)	( )	( )
캔 음료수를 많이 마신다.	( )	( )
물을 하루에 2컵 이상 마시기가 드물다.	( )	( )
건강 보조 식품을 먹고 있다.	( )	( )

■ 내장기관

내장기관	YES	NO
위염이 잦다.	( )	( )
장기에 질병을 알아 약을 복용한 적이 있다.	( )	( )
소변과 대변을 잘 보는 편이다.(변비, 방광염)	( )	( )

■ 흡연 및 음주

흡연 및 음주	YES	NO
술을 자주 먹는다.(1일 1잔 이상)	( )	( )
한 번에 많은 양의 술을 먹는다,(소주 2병 이상)	( )	( )
술을 먹고 나면 해독이 되지 않는다.(다음날 힘들다)	( )	( )
흡연을 한다.	( )	( )
음주나 흡연으로 병을 알아본 적이 있다.	( )	( )

■ 수면상태

수면상태	YES	NO
충분한 잠을 잔다. (1일 8시간)	( )	( )
숙면을 하는 편이다.	( )	( )
저녁10시 이후부터 새벽 5시까진 꼭 잠을 잔다.	( )	( )
잠을 청하기 위해 수면제를 복용하고있다.	( )	( )

■ 스트레스

스트레스	YES	NO
스트레스를 많이 받는 직업을 갖고 있다.	( )	( )
나는 성격이 긍정적이다.	( )	( )
스트레스로 인해 탈모 및 질환의 경험이 있다.	( )	( )
쉽게 스트레스 및 화가 가라 앉지 않는다.	( )	( )
스트레스를 받고 나면 머리가 아프다.	( )	( )

■ 질병여부

질병여부	YES	NO
나는 건강한 편이다.	( )	( )
몸의 건강을 위해 운동과 식습관을 규칙적으로 한다.	( )	( )
질병으로 인해 수술 경험이 있다.	( )	( )
질병 치료를 위해 약물을 복용하고 있다.	( )	( )
항암치료로 인해 탈모가 된 적이 있다.	( )	( )

■ 샴푸, 트리트먼트

샴푸, 트리트먼트	YES	NO
현재 사용하는 샴푸타입을 알고 있다.	( )	( )
매일매일 머리를 감는다.	( )	( )
머리 감는 시간은 주로 아침이며 5분 안에 감는다.	( )	( )
샴푸제의 잘못된 선택으로 인해 두피 트러블이 났던 적이 있다.	( )	( )
샴푸는 모발과 두피를 구분해 깨끗이 헹구어 낸다.	( )	( )
샴푸 후 바로 헹구어 낸다.	( )	( )
트리트먼트를 두피부터 모발까지 사용한다.	( )	( )
탈모 관리용 샴푸를 사용하고 있다.	( )	( )

■ 스타일링제

스타일링제	YES	NO
스타일링제를 매일 사용한다.	( )	( )
스타일링제를 두피에 자주 묻을 정도로 많이 바른다.	( )	( )
스타일링제로 인한 피부 트러블이 일어난 적이 있다.	( )	( )

■ 두피 문제점

두피 문제점	YES	NO
샴푸 후에도 모발이 기름지다.	(　　)	(　　)
샴푸 후에도 가려움증이 심하다.	(　　)	(　　)
평상시 두피에 당김 및 가려움 증세 및 통증이 있다.	(　　)	(　　)
두피에 악취가 난다.	(　　)	(　　)
두피에 각질 및 비듬이 많이 생긴다.	(　　)	(　　)
두피에 뾰루지나 농이 자주 생긴다.	(　　)	(　　)
두피에 피부습진이 생긴 적이 있다.	(　　)	(　　)

■ 모발의 문제점

모발의 문제점	YES	NO
한달에 1번 정도는 펌 및 염색 시술을 한다.	(　　)	(　　)
손상모발을 위한 모발클리닉 관리를 하고 있다.	(　　)	(　　)
모발을 잘 말리지 않고 적당히 자연건조 후 묶거나, 모자를 쓴다.	(　　)	(　　)
모발이 쉽게 건조되어 버린다.	(　　)	(　　)

■ 유전성 및 탈모 시작시기

유전성 및 탈모 시작시기	YES	NO
아버지 또는 친할아버지께서 탈모를 가지고 계시다.	(　　)	(　　)
외가, 어머니께서 탈모를 갖은 사람이 있다.	(　　)	(　　)
20대 이후 탈모가 급속도로 진행됐다.	(　　)	(　　)
피지량이 탈모 이후 더욱 급증했다.	(　　)	(　　)
모발에 힘이 없어지고 가늘어지기 시작했다.	(　　)	(　　)
모발이 잘 자라지 않는다.	(　　)	(　　)
M자로 진행 중이다.	(　　)	(　　)
탈모가 진행된 지 3년 정도 지났다.	(　　)	(　　)
정수리 부분에 모발이 적고 가늘어지는 듯하다.	(　　)	(　　)
모발이 하루에 100가닥 이상 빠진다.	(　　)	(　　)
원형 탈모를 경험 및 치료해 봤다.	(　　)	(　　)
탈모로 인해 스트레스를 많이 받는다.	(　　)	(　　)

■ 관리 경험

탈모관리 경험여부	YES	NO
탈모 관리에 경험이 있다.	(　)	(　)
꾸준한 관리를 받을 준비가 되어 있다.	(　)	(　)
탈모의 원인에 대해 많은 정보를 들어 알고 있다.	(　)	(　)
탈모관리를 전문샵에서 관리경험이 있다.	(　)	(　)
가발을 사용한다.	(　)	(　)
탈모 치료제를 바르거나 복용한다.	(　)	(　)
이식수술을 생각하고 있다.	(　)	(　)
꾸준한 관리는 꼭 필요하다고 생각한다.	(　)	(　)

기타 체크 사항

- 땀 분비량 : 두피 청결도 파악
- 연 령 : 노화 정도 및 관리효과의 유・무
- 피부염 여부 : 아토피, 백서, 건선 피부염에 의한 두피 문제 및 탈모 유・무
- 모발굵기 : 사춘기 시절 모발의 굵기를 통한 모발의 굵기 변화도 파악
- 드라이 여부 : 모발 손상도 파악
- 헤어 시술 : 모발 손상도 및 두피 손상도 유추
- 체 온 : 혈액순환 상태 유추 및 체질유추, 두상 피부온도 파악
- 생활습관 : 모자 착용, 발모력의 정도, 린스 사용, 사우나 출입여부 등

고객관리 카드

No.

Name

고객정보

* 고객성명		* 생년월일	년 월 일
주 소		* 휴대전화	
직 업		E-mail	
이전에 두피나 탈모 관리를 받으신 적이 있나요 ? ( ) 예 ( ) 아니오 받으신 곳 ( ) 기간 ( )			

* 필수기재사항

생활정보

샴푸 및 제품 사용횟수	1일 : 회 오전( ) 오후( )	식 생 활	( ) 아침 ( ) 점심 ( ) 저녁
사용 샴푸와 토닉	( ) 샴푸 ( ) 토닉	건강상태 및 알레르기	
수면시간	시간	약복용 및 병력	예) 혈압제, 진구용 일으제 등
음주와 흡연	음주 □O □X 흡연 □O □X	수술 경험	예) 장기입원, 약물치료, 이식수술 등

방문정보

인터넷	( ) 파워링크 ( ) 블로그 ( ) 지식인 ( ) 카페 ( ) 지역정보 ( ) 홈페이지 ( ) 모바일 ( ) 이벤트/광고
홍보물	( ) 전단지 ( ) 상품권
기 타	( ) 지인소개 ( ) 휴대폰문자 ( ) 주변을 지나다가 ( ) 기타

상담정보

원 인	( ) 유전성 父 l 母 ( ) 호르몬 ( ) 스트레스 ( ) 피부질환 ( ) 산후탈모 ( ) 수면/영양 장애 ( ) 기타 :
두피타입	( ) 정상두피 ( ) 민감성두피 ( ) 건성두피 ( ) 지성두피 ( ) 병적요인두피 ( ) 비듬성두피
모공상태	( ) 정상모공 ( ) 닫힌모공 ( ) 지루성 피부염 모공 ( ) 지성모공 ( ) 각질모공 ( ) 비듬모공 ( ) 각질 및 피지모공 ( ) 퇴행성모공
모발손상도	( ) 정상모 ( ) 건성모 ( ) 다공성모 ( ) 지모 ( ) 열모 ( ) 결절성 열모증
모발굵기	( ) 굵은 모 ( ) 정상모 ( ) 가는 모 ( ) mm

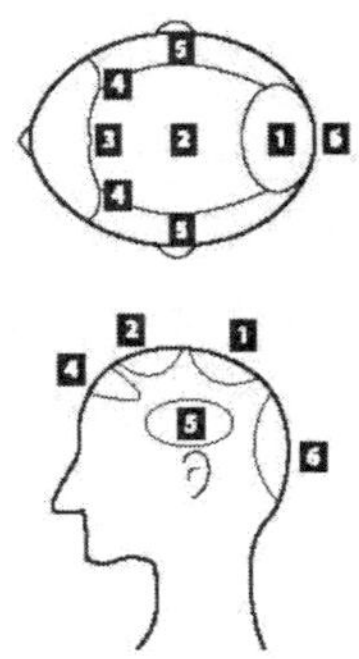

1 정수리
2 윗머리
3 앞머리 중앙
4 앞머리 양쪽 옆면
5 옆머리
6 뒷머리

피 색상

상담내용

[그림 5-1 ➤ 진단 카드(두피 및 탈모 관리 상담 카드)]

홈 케어

자택치유, 자택 관리라는 의미를 갖고 있으며 두피 관리에 있어서 필수적인 요소라 할 수 있다.

1 홈 케어의 필요성

어떠한 관리든지 1회성이란 것은 없다. 두피 관리사로부터 주기적인 관리를 받았다 하더라도 그것을 얼마나 유지하고 관리하느냐에 따라 두피 관리의 성공여부가 달려있다. 이것이 바로 홈 케어다. 고객의 홈 케어 수행여부에 따라 두피관리의 성공 열쇠가 달려있다.

2 두피별 홈 케어 요령

1) 정상두피

정상두피라 하더라도 자만해서는 안 된다. 현 상태를 유지하는 것이 가장 중요하다.

2) 건강두피

가급적 일반 샴푸보다는 기능성 샴푸를 이용하여 샴푸하고 시간적 여유가 많은 저녁 시간대에 샴푸하는 것이 효과적이다. 관리초점을 두피의 원활한 유·수분 밸런스에 맞추어 관리하고 적당한 두피 마사지로 피지의 분비를 도와주는 것이 중요하다.

3) 지성두피

지성 두피용 세정제로 세정을 해주며 뜨거운 물로 모발 및 두피세정은 금물이다.

여유 있게 세정을 하며 세정 후 드라이로 가볍게 두피 및 모발을 말려준다.
※ 평상시 강한 두부지압은 금물

4) 비듬성 두피

(1) 건성 비듬

관리의 초점을 유·수분의 공급과 비듬균의 증식억제 및 두피의 살균, 소독에 맞추어 관리한다. 홈 케어 시 식물성분의 기능성 샴푸를 이용하여 저녁에 깨끗이 샴푸하며 샴푸 후 두피부분의 물기를 완전히 제거한 다음에 수면을 취하는 것이 좋다.

(2) 지성 비듬

관리 시 피지 분비의 조절과 비듬균의 살균 및 소독에 힘쓰며 염증관리도 병행하여 시술하는 것이 효과적이다. 홈 케어 시 가급적 자극적인 음식의 섭취는 피하고, 살균, 소독력이 있는 기능성 샴푸를 이용하여 아침, 저녁으로 샴푸한다. 샴푸 후 두피부분은 세균이 번식하지 못하도록 깨끗이 말린 다음 충분한 수면을 취한다.

5) 예민성 두피

홈 케어 시 저자극의 식물성 샴푸를 이용하고 스팀 타월이나 사우나 등은 가급적 피하는 것이 좋다. 관리를 소홀히 할 경우 염증성 두피로 전환될 우려가 있으므로 각별히 신경을 써야 한다.

6) 탈모성 두피

탈모된 부위는 정상적인 두피보다 매우 약하므로 홈 케어 시 화학성분의 샴푸제보다는 식물성의 저자극 샴푸제를 이용하여 샴푸하고 깨끗이 헹구어 준다. 또한 두부 마사지를 충분히 하여 혈액순환이 지속될 수 있도록 신경을 쓴다.

자가 마사지

상담종결 및 관리 후 어드바이스의 한 부분으로 고객이 집에서 간편히 할 수 있는 마사지 방법이다.

1 자가 마사지의 필요성

두피관리에 있어 최종 목적은 관리효과의 유지와 추후 발생될 수 있는 두부의 문제점을 예방하는 것이다. 따라서 자가 마사지는 관리시 병행되는 두부마사지와 함께 관리의 효과를 증대시키거나 예방차원에서 행하는 방법이다.

2 자가 마사지의 효과

① 관리의 효과를 증대시켜준다.
② 혈액순환을 촉진시켜준다.
③ 림프순환을 도와준다.
④ 간단한 동작만으로도 근육을 완화시켜줄 수 있다.
⑤ 좁은 공간에서도 쉽게 행할 수 있다.
⑥ 도구가 필요 없다.

❸ 자가 마사지

1) 스트레칭

[이곳에 실습 사진을 붙이세요.]	[이곳에 실습 사진을 붙이세요.]
[이곳에 실습 사진을 붙이세요.]	[이곳에 실습 사진을 붙이세요.]
1. 한손을 어깨높이까지 올려 손바닥을 제쳐주며 다른 한손을 이용해 승모근 부위가 자극이 될 때까지 당겨준다(승모근 이완에 효과가 좋다).	

[이곳에 실습 사진을 붙이세요.]	[이곳에 실습 사진을 붙이세요.]
2. 양손을 깍지 껴서 후두부에 대고 가볍게 팔꿈치를 중앙으로 모아준다. 단, 이때 경추의 움직임이 아니라 팔의 힘을 이용한다(두개골밑 근육이완에 효과가 좋다).	

[이곳에 실습 사진을 붙이세요.]	[이곳에 실습 사진을 붙이세요.]

3. 양손을 턱을 고정하고 가볍게 뒤로 제쳐준다(목의 앞, 뒤의 근육이완에 효과가 있다).

[이곳에 실습 사진을 붙이세요.]

4. 한쪽 손을 머리 측면에 대고어깨 쪽으로 당긴다. 이때 각도를 달리하여 목 전체근육을 이완시켜주며 반대편도 실시 한다(근육이완과 뇌에 산소공급을 시켜준다).

[이곳에 실습 사진을 붙이세요.]	[이곳에 실습 사진을 붙이세요.]	[이곳에 실습 사진을 붙이세요.]

5. 양손으로 목뒤를 받쳐주고 가볍게 뒤로 제쳐주며 점점 높이를 달리 한다(목뒤 근육과 경추의 이완효과가 있다).

[이곳에 실습 사진을 붙이세요.]	[이곳에 실습 사진을 붙이세요.]
6. 한 손을 위로 올려 귀에 댄 후 뒤로 제쳐 다른 한손으로 스트레칭을 시켜준다(팔의 근육과 목 근육이완에 좋다).	

[이곳에 실습 사진을 붙이세요.]
7. 한 손을 수평으로 들고 반대쪽 방향으로 잡아당긴다(상완의 근육과 승모근 이완에 좋다).

2) 목 뒤와 어깨풀기

① 두개골 밑부터 목으로 반대편과 어깨의 선을 따라가며 손가락으로 주무른다(목의 근육과 어깨의 근육이완에 효과가 있고 두통에도 좋다).
② 목 전체를 손으로 감싸서 가볍게 주무른다(두개골 밑 이완 및 두통에 좋다).
③ 엄지를 이용해 목뒤경혈을 지압한다(두통과 스트레스완화에 좋다).
④ 손을 승모근에 갖다대고 주무른다(승모근을 이완시켜준다).
⑤ 견정혈, 견료혈, 견우혈률 풀어 준다(어깨경직과 근육의 뭉침을 풀어주는데 좋다).

3) 두피와 안면 풀기

[이곳에 실습 사진을 붙이세요.]	[이곳에 실습 사진을 붙이세요.]
1. 머리의 정중앙 백회부에 손바닥을 올려놓고 회전시켜준다(기의 순환을 원활히 도와준다).	2. 지문을 이용 두피를 긁어 주고 이때, 너무 강한 압으로 두피를 긁으면 두피에 상처가 나거나 민감해질 수 있으므로 주의하여 긁는다(두피의 긴장을 풀어 이완시켜 준다).

[이곳에 실습 사진을 붙이세요.]	[이곳에 실습 사진을 붙이세요.]
3. 새끼손가락은 머리선에서 시작하고 나머지 손가락은 약 1cm간격으로 벌린 채 한 손이 네 손가락 끝을 머리 중앙선에 올려놓고 일정한 압력으로 누른다(두피 전체의 지극으로 두피를 자극한다).	4. 주먹을 살짝 쥔 채 손가락 관절로 두피를 자극한다(두피 경직에 효과적이다).

[이곳에 실습 사진을 붙이세요.]	[이곳에 실습 사진을 붙이세요.]
5. 손가락 끝으로 머리 전체를 톡톡친다(두피경직에 효과적이다).	6. 손가락을 벌린 채 손을 두피 가까이 머리카락 안으로 밀어 넣어 당긴다(모근을 자극하여 두피를 이완시킨다).

[이곳에 실습 사진을 붙이세요.]	[이곳에 실습 사진을 붙이세요.]
7. 머리카락을 하나하나 쓰다듬는다.	8. 태양혈을 가볍게 자극시킨다(두통에 좋다).

[이곳에 실습 사진을 붙이세요.]	[이곳에 실습 사진을 붙이세요.]
9. 눈 두덩이를 가볍게 문질러준다(눈의 피로를 풀어준다).	10. 귀를 가볍게 자극시켜준다(귀에는 모든 장기가 있으므로 전신에 좋다).

CHAPTER

06 [8주 직무수행능력 1차]

직무평가

평가기준

번호	항 목	우수	보통	미흡
1	두피 · 모발 상태 진단에 필요한 기기와 도구를 준비할 수 있다.	③	②	①
2	문진, 시진, 촉진, 검진을 통해 고객의 두피 · 모발 상태를 분석할 수 있다.	③	②	①
3	두피 유형에 따라 관리방법을 선택할 수 있다.	③	②	①
4	모발 상태에 따라 관리방법을 선택할 수 있다.	③	②	①
5	차회 방문 시 시술에 반영할 수 있도록 두피 · 모발 분석카드를 작성할 수 있다.	③	②	①

직무능력평가서[1차]

담당교수		교과목명	두피모발관리
학 번		능력단위명 (능력단위코드)	두피모발관리
이 름			(1201010112_16v3)
평가일자			

영역 (능력단위요소)	평가내용(수행준거)	평가구분		판정	
		과정평가	결과평가	Y	N
두피·모발관리 준비하기 (1201010112_16v3.1)	1.1. 두피·모발 상태 진단에 필요한 기기와 도구를 준비할 수 있다.				
	1.2. 문진, 시진, 촉진, 검진을 통해 고객의 두피·모발 상태를 분석할 수 있다.				
	1.3. 두피 유형에 따라 관리방법을 선택할 수 있다.				
	1.4. 모발 상태에 따라 관리방법을 선택할 수 있다.				
	1.5. 차후 방문 시 시술에 반영할 수 있도록 두피·모발 분석카드를 작성할 수 있다.				
두피관리하기 (1201010112_16v3.2)	2.1. 두피 유형에 따라 샴푸제를 선정하여 시술할 수 있다.				
	2.2. 두피 유형에 따라 스케일링 제품을 선정하여 시술할 수 있다.				
	2.3. 두피 스케일링 효과를 높이고 두피의 혈액순환을 돕기 위해 두피 메뉴얼 테크닉을 할 수 있다.				
	2.4. 영양공급과 유·수분 균형 조절을 위해 팩과 앰플을 사용할 수 있다.				
	2.5. 두피관리에 필요한 기기와 기구를 선택하여 사용할 수 있다.				

영역 (능력단위요소)	평가내용(수행준거)	평가구분		판정	
		과정평가	결과평가	Y	N
모발관리하기 (1201010112_16v3.3)	3.1. 모발 상태와 관리방법에 따라 샴푸제를 선정하여 시술할 수 있다.				
	3.2. 모발 상태와 관리방법에 따라 관리제품을 도포한 후 핸들링할 수 있다.				
	3.3. 영양공급과 유·수분 균형 조절을 위해 팩과 앰플을 사용할 수 있다.				
	3.4. 모발관리에 필요한 기기와 기구를 선택하여 사용할 수 있다.				
두피·모발관리 마무리하기 (1201010112_16v3.4)	4.1. 두피·모발 진단기를 사용하여 시술 전·후의 변화를 비교하여 고객에게 설명할 수 있다.				
	4.2. 두피·모발 상태에 따라 관리에 적합한 제품을 사용하여 마무리할 수 있다.				
	4.3. 관리 종료 후 헤어스타일을 연출하여 마무리할 수 있다.				
	4.4. 건강한 두피·모발상태 유지를 위한 관리법을 고객에게 설명할 수 있다.				
소계				점	

영역 (능력단위요소)		평가내용(K/S/A/T 포함 자율평가)	평가점수
두피·모발 관리 (1201010112_16v3)	두피·모발 관리 준비하기 (1201010112_16v3.1)	**고객에게 신뢰감을 주는 태도** • 기기사용 및 진단분석 전문가로서의 책임감과 자부심 사용기기를 청결하게 관리하는 자세	
		두피·모발 상태 분석을 위한 기초 지식 • 두피·모발 생리에 관한 지식 두피·모발 유형별 관리 지식 두피·모발 진단기기에 대한 지식	
		고객 상담 기술 • 두피·모발 분석카드 작성 기술 • 두피·모발 상태 분석 기술 • 두피·모발 유형별 시술 기술 • 두피·모발 진단기 사용 기술	
합 계		%	점

CHAPTER

07 [9주 피드백, 10주 모발관리]

두피 관리

학습목표

① 두피에 발생하는 다양한 문제점을 올바르게 파악함으로써 효과적인 관리를 위함이다.
② 두피의 올바른 파악을 통한 관리의 부작용을 막고, 문제부위의 진행악화를 사전에 예방하는 데 있다.
③ 정확한 문제점 판단을 통한 제품의 바른 사용에 있다.

두피 관리의 개념

두피 및 모발건강을 저해하는 내적 또는 외적 이상 현상들에 대해 문제점이 발생하기 전 advice(내적요인)와 care(외적요인)를 통하여 예방과 개선을 하는 관리를 말한다.

두피 관리의 목적

두피도 피부의 한 부분으로 세포분열과정을 통한 일정한 각화 주기가 존재한다. 하지만 내·외적인 요인으로 인해 그 각화주기의 변화와 두피의 불청결 등으로 모공이 막혀 두피 트러블을 일으키는데 이런 문제점들은 모발의 정상적인 성장을 저해시켜 탈모현상을 초래한다. 따라서 올바른 두피관리를 통해 건강한 두피 및 모발을 유지하는 것이 두피관리의 목적이다.

두피 관리의 효과

두피관리는 두피 내 노화된 각질이나 피지 산화물 등을 두피 스켈링을 이용해 제거해줌으로 각화주기를 정상화시키고 모공 내 제품침투력도 높여 두피의 신진대사기능이 향상되는 효과를 가져온다. 또한 두피관리사가 행하는 마사지를 통해 혈액순환을 촉진시켜 최종적으로는 문제성 두피와 탈모를 사전에 예방할 수 있게 된다.

두피 손상의 원인

1 내적인 요인

두피 손상의 원인 중 가장 문제가 되는 부분으로 호르몬 분비의 이상, 식생활, 소화기관 이상, 스트레스로부터 두피손상이 나타남을 의미한다. 이런 손상은 일반적으로 사용하는 제품이나 기기 등만으로는 효과를 보기 어렵다. 따라서 두피손상의 내적요인인 호르몬이나 라이프스타일 및 건강 상태를 조절해야 한다.

2 외적인 요인

외부적 요인에 의해 두피에 외상이 나타나는 것으로 두피손상의 요인은 크게 물리적, 화학적, 환경적 요인으로 구분되며 두피조직 전체가 파괴된 경우를 제외하면 대부분 내적인 요인으로 인한 손상보다 외적 요인으로 인한 손상이 크다.

1) 물리적 요인에 의한 손상

일상적인 요인으로 잘못된 샴푸시술로 두피에 자극을 주거나 브러싱, 드라이 등으로 두피에 상처가 나 두피 예민화를 야기시킨다.

2) 화학적 요인에 의한 손상

물리적 요인에 의해 손상된 두피보다 심각한 상태로 화학약품과 모발 및 두피간 화학반응으로 인해 발생하는 두피손상을 말한다.
대부분 두피 과각화현상과 예민함을 동반하나 제품사용의 변화나 관리 후 충분히 개선될 수 있다.

3) 환경적 요인에 의한 손상

두피의 오염물 누적으로 손상을 일으키므로 진행과정이 더뎌 손상정도를 초기에 파악하기는 힘들지만 정기적인 관리를 해주게 되면 충분히 관리 효과를 볼 수 있다.

두피 관리의 순서

1 상담

고객과의 첫 만남으로 고객관리카드를 작성하며 상담을 하며 너무 긴 시간보다 약 10~15분 정도가 적당하다.

② 진단

진단기기를 이용해 정확한 진단을 하며 고객에게 진단 결과를 보고 설명해준다.

③ 관리프로그램 선택

두피의 유형에 맞게 적절한 매뉴얼을 선택한다.

④ 마사지 단계

관리 시작 전에 릴렉스와 고객의 안정을 위해 편안한 분위기와 자세에서 관리하는데 아로마를 이용하거나 음악 등을 이용해 효과를 증대시켜주며 10~20분 정도 마사지하여 혈액순환을 촉진시킨다.

⑤ 스케일링

두피세정의 효과로 두피각화주기의 정상화, 모공세척을 해주어 다음 단계의 관리제품 흡수를 도와준다. 손이나 면봉 등을 이용해 두피 골고루 스케일링 해준다. 단, 염증이 있는 부위나 예민한 부위는 세심한 관리가 필요하다.

⑥ 샴푸

두피와 모발에 맞는 샴푸제를 선택하여 시술하며 고객이 불편하지 않게 편안하게 관리해준다.

⑦ 두피 및 헤어 트리트먼트

손상된 모발이나 두피에 영양공급을 해줌으로써 모모세포를 활성화시켜 건강한 두피 및 건강한 모발을 만든다.

8 마무리

두피에 토닉으로 진정시키고 모발에는 에센스로 영양을 준다.

두피 관리사 영역인 두피타입 판독과 매뉴얼

1 정상 두피

1) 정상 두피 특징 및 판독법

① **두피 톤** : 청백색 및 투명톤으로 연한 살색을 띤다.
② **모공 상태** : 선명한 모공라인이 보이며 열려져 있다.
③ **모발의 굵기** : 0.15mm~0.2mm 정도로 모공 내 모발의 굵기는 거의 일정하다.
④ **모발의 계수** : 한 모공당 2~3개 정도 존재한다(인종에 따라 약간 다름).
⑤ **노화 각질 및 피지 산화물** : 거의 존재하지 않는다.
⑥ **한선** : 부분적으로 소한선을 확인할 수 있다.
⑦ **예민도** : 정상 pH 5.5이다.
⑧ **수분함량** : 10~15% 정도이다.
⑨ **모발 상태** : 매끄럽고 윤기있다.

2 건성 두피

1) 건성 두피 특징 및 판독법

① **두피 톤** : 창백한 백색이며 불투명하다.
② **모공 상태** : 윤곽선이 약간 불분명하고 다수 막혀 있다.
③ **모발 상태** : 모표피가 약간 들떠있고 건조하며 각질도 약간 묻어 있다.
④ **모발 밀도** : 수적밀도 변화가 보인다.

[그림 7-1 ➤ 건성 두피]

⑤ **한선** : 형태 불분명하다.
⑥ **수분함량** : 각질층 수분 10% 미만 존재한다.
⑦ **각질 상태** : 얇은 층으로 약간 들떠있고, 갈라진 현상이 보인다.
⑧ **예민도** : pH 밸런스 이상 확률이 높고 외부 자극에 약하다.

원인

- 외적요인 : 화학적 시술 및 약품(각질층), 재발 가능성 높음
- 내적요인 : 영양결핍(Vit A, F, 단백질 결핍) 연령, 기후, 난방, 스트레스
- 잘못된 시술 : 드라이, 샴푸 과다한 두피 스케일링 및 세정, 호르몬 밸런스 이상

2) 건성 두피 관리 방법(매뉴얼)

① 피지조절에 point를 둔다(마사지, 앰플 이용).
② 스티머 사용시 온도주의(40도)
③ 강한 열은 금물

3 지성 두피

1) 지성 두피 특징 및 판독법

① **두피 톤** : 약간의 황색톤이며 얼룩현상이 보인다.
② **모공 상태** : 다수 막혀있다.
③ **수분 분비량** : 높고 산화된 피지를 볼 수 있다(연령과 호르몬 영향).
④ **수분함량** : 각질층의 수분 20% 이상 존재한다.
⑤ **한선** : 확인하기 힘들다.
⑥ **예민도** : pH 밸런스 이상 확률이 높고 홍반 및 염증 확률도 높다.
⑦ **모발 상태** : 모표피 확인이 힘들 정도로 과다한 피지에 젖어 있다.
⑧ **모발 탄력도** : 저하현상을 보인다.
⑨ **모발의 밀도** : 수적밀도 변화와 굵기 변화를 보인다.

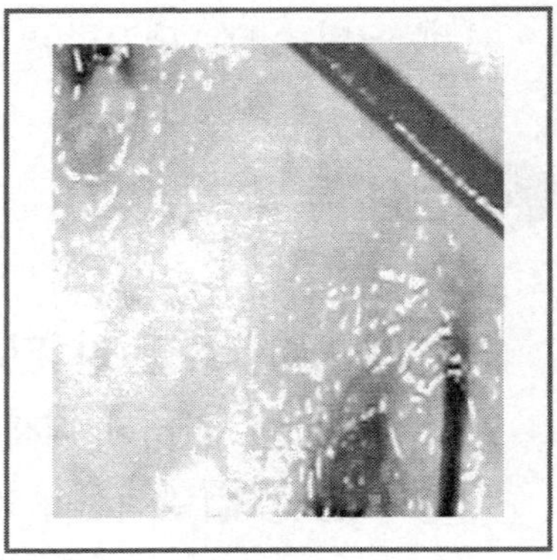

[그림 7-2 ➤ 지성 두피]

원인

- 호르몬 밸런스 이상 : 항체(월경), 남성호르몬 등
- 식생활 및 스트레스 : 당분, 동물성 지방의 섭취, 자극적인 음식물(맵고 짠 음식)
- 신진대사 이상
- 잘못된 마사지 테크닉
- 두피 불청결, 불규칙적인 세정
- 비타민 B_2, B_6의 결핍
- 기온의 영향

2) 지성 두피 관리 방법(매뉴얼)

① 피지 제거 및 조절
② 스티머 사용 시 온도주의(40도)
③ 마사지시 강한 지압 금물
④ 적외선 조사 시 두피 이적거리 50cm

4 예민성 두피

1) 예민성 두피 특징 및 판독법

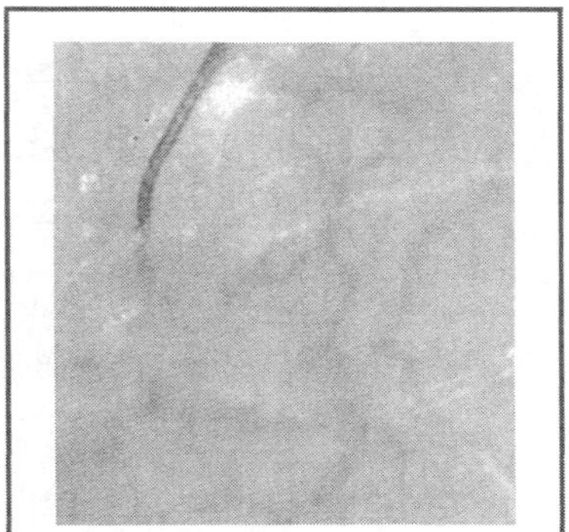

[그림 7-3 ➤ 예민성 두피]

① **두피 톤** : 얼룩이 있고 붉은 톤을 띤다.
② **모공 상태** : 다양하게 보인다.
③ **모발 굵기** : 굵기 적 밀도가 낮다.
④ **노화 각질 및 피지 산화물** : 얇은 층 구성과 두피타입에 따라 다르다.
⑤ **피지 분비량** : 다양하다.
⑥ **한선** : 불분명하다.
⑦ **예민도** : 높아 가려움, 염증, 홍반을 유발한다.
⑧ **수분함량** : 다양하다.
⑨ **모발 탄력도** : 낮은 편이다.
⑩ 예민성 두피는 다른 문제성 두피와 병행하여 나타나므로 주원인을 먼저 찾아야 한다.

원인

- 호르몬 밸런스 이상
- 피부질환/세균 감염
- 영양 불균형
- 수면 부족 등 신진대사 이상
- 관리 제품의 잘못된 선택과 시술
- 물리적 자극
- 화학 약품의 노출

2) 예민성 두피 관리방법(매뉴얼)

① 스티머 사용시 온도 38도 5분, 스케일링 시 자극 금물
② 적외선 조사시 두피 이적거리 50cm

5 비듬성 두피

1) 건성 비듬성 두피 특징 및 판독법

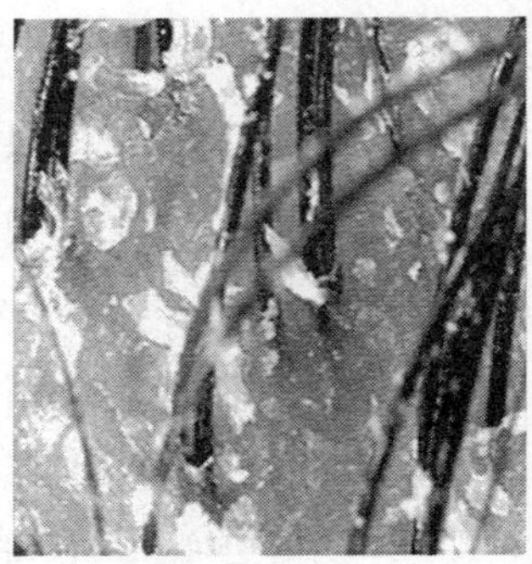
[그림 7-4 ➤ 건성 비듬성 두피]

① **두피 톤** : 백색 톤으로 모공 주변이 얼룩져 있다.
② **모공 상태** : 막혀있다.
③ **모발 밀도** : 불규칙적이며 연모화되어 있다.
④ **노화 각질 및 피지 산화물** : 모공주변을 막고 주변의 각질들 뜸 현상이 보인다.
⑤ **피지 분비량** : 적다.
⑥ **모발 탄력도** : 점차적 감소한다.
⑦ **예민도** : 부분적 염증, 예민화 되어 있다.
⑧ **수분함량** : 10% 미만이다.
⑨ 가려움, 당김이 심하다.

2) 지성 비듬성 두피 판독법

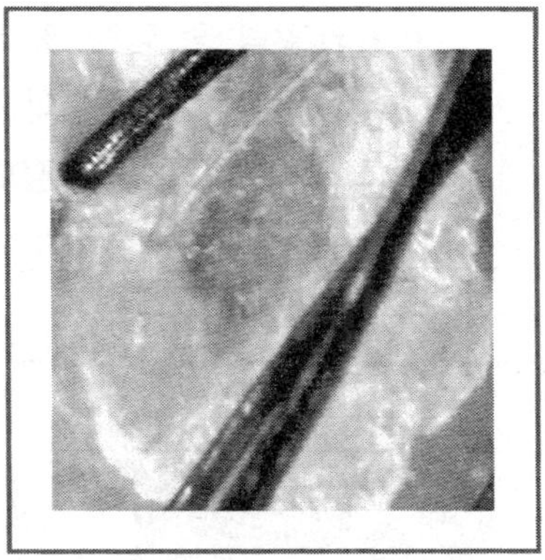

[그림 7-5 ➤ 지성 비듬성 두피]

① **두피 톤** : 황색톤으로 불투명하다.
② **모공 상태** : 막혀있다.
③ **모발 밀도** : 불규칙적이다.
④ **노화 각질 및 피지 산화물** : 눅눅하고 두텁게 존재한다.
⑤ **피지 분비량** : 많다.
⑥ **모발 탄력도** : 낮다.
⑦ **예민도** : 부분적 예민화 되어 있고 염증도 보인다.
⑧ **수분함량** : 20% 내외이다.
⑨ **가려움, 당김** : 심하다.
⑩ **피지 향** : 강하다.

3) 혼합 비듬성 두피 판독법

[그림 7-6 ➤ 혼합 비듬성 두피]

① **두피 톤** : 얼룩이 있고 붉은 톤을 띤다.
② **모공 상태** : 다양하다.
③ **모발 굵기** : 굵기적 밀도가 낮다.
④ **노화 각질 및 피지 산화물** : 얇은 층 구성 및 두피타입에 따라 다르다.
⑤ **피지 분비량** : 다양하다.
⑥ **한선** : 불분명하다.
⑦ **예민도** : 높아 가려움, 염증, 홍반을 유발한다.
⑧ **수분함량** : 다양하다.
⑨ **모발 탄력도** : 낮다.

4) 비듬성 두피 관리방법(메뉴얼)

① **비듬균 전이를 막음**
② **스티머 사용시 온도 45도 10~15분 내외**

③ **스케일링 중 염증 및 농 발견시 주의(세균정이)**

㉠ 주원인 : 비듬균의 증식(피티로포름, 말라세시아)

㉡ 내적원인 : 호르몬의 밸런스 이상영양 불균형, 스트레스, 과다한 피지분비 / 산화

㉢ 외적원인 : 두피의 불청결 환경오염, 약품에 대한 염증

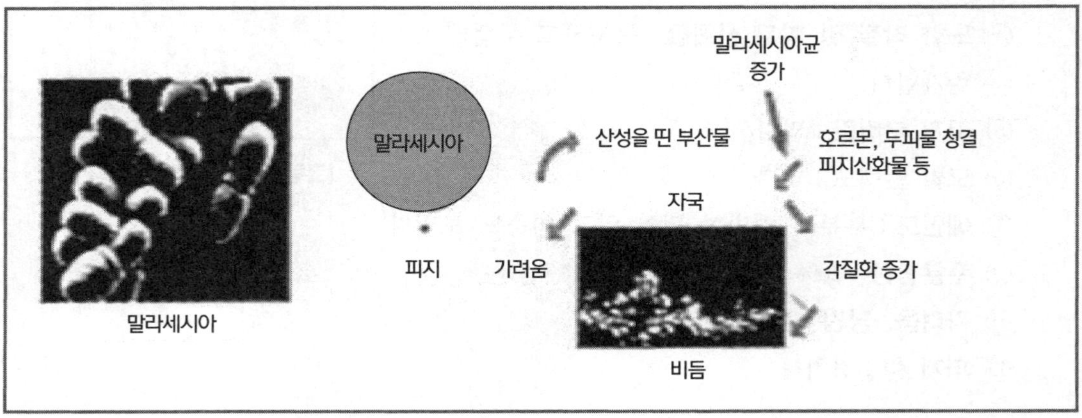

[그림 7-7 ➤ 비듬균의 작용]

메디칼 측면에서의 두피 질환 판독

두부에 발생하는 피부질환으로 대부분 진균류의 이상증식 및 감염 그리고 화학약품에 의한 접촉성 피부염 등은 미용적 측면에서의 관리가 아닌 메디칼 측면에서의 관리가 필요하다.

1 백선

백선은 피부사상균(무좀균)의 의한 피부감염으로 발생하는 것으로 두부 부위에 나타나는 것을 말한다.

1) 두부 백선의 원인

[그림 7-8 ➤ 두부 백선]

① Microsporum canis(무좀균)
② Microsporum ferrugineum
③ 신체접촉, 개, 고양이
④ **계절적 요소 작용** : 봄, 여름
⑤ 원인제거 후 발모
⑥ **병모** : 통증 없이 쉽게 탈락

2) 두부 백선 판독법

① **두피톤** : 회백색을 띠며 인설이 보인다.
② **모공상태** : 막혀있다.
③ **각질정도** : 두텁게 존재한다.
④ **모발탄력도** : 문제부분에 단모가 보이며 윤기가 없어진다.
⑤ **가려움현상** : 부분적으로 발생한다.
⑥ **진물 및 염증** : 발생형태에 따라 차이가 있으나 문제부위 중심으로 염증이 보인다.
⑦ 버짐의 형태 원형의 형태로 나타나며 50원 동전 크기로 명확한 경계를 보인다.

2 건선

1) 두부 건선의 원인

[그림 7-9 ➤ 건선]

① 정확한 원인 미궁
② 유전적 요인
③ 개인 생활 및 환경적 요인
④ 면역학적 요인 : 면역체계 이상

2) 두부 건선 판독법

① **두피 톤** : 은백색의 인설이 보인다.
② **모공 상태** : 막혀있다.
③ **모발 탄력도** : 낮다.
④ **예민도** : 높다.
⑤ **각질 두께** : 두텁게 쌓여있다.
⑥ **두부 발생부위** : 전체적으로 나타나며 백선에 비해 광범위하다.
⑦ 예민, 통증, 염증 높다.
⑧ 염증성 탈모 및 연모화 현상이 나타난다.
⑨ 심각한 경우 반흥성 탈모화가 된다.

3 지루성 피부염 판독법

① **두피 톤** : 황색이나 적색으로 보인다.
② **모공 상태** : 막혀있다.
③ **모발 탄력도** : 낮다.
④ **피지 분비량** : 많다.
⑤ **예민도** : 균에 의한 염증으로 예민하다.
⑥ **탈모율** : 점차 증가한다.
⑦ **각질 두께** : 두터우며 황갈색 빛을 띤다.
⑧ 가려움, 염증, 탈모, 동반 가능성이 높다.

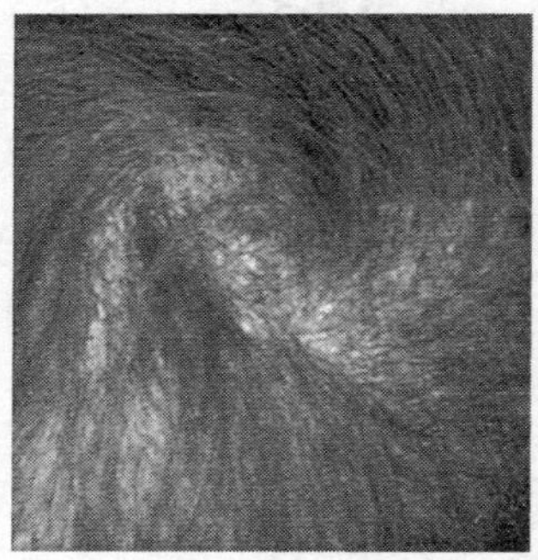

[그림 7-10 ➤ 지루성 피부염]

❹ 탈모 진행형 두피

1) 탈모 진행형 두피 원인

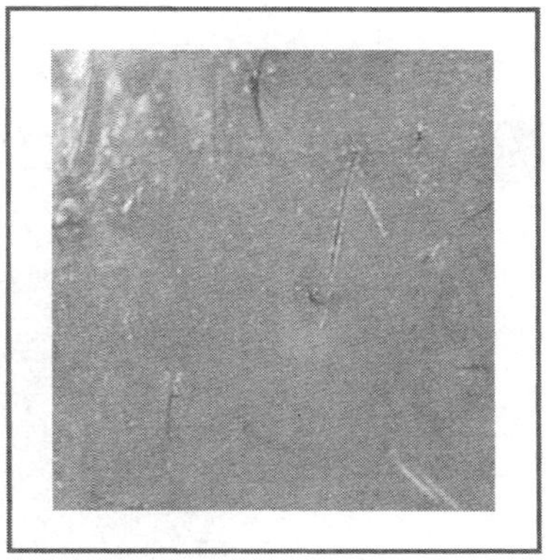

[그림 7-11 ➤ 탈모 진행형 두피]

① 유전, DHT, 나이
② 호르몬 밸런스 이상
③ 스트레스, 혈액순환 장애
④ 영양 불균형 및 피부질환
⑤ 노화, 내장기관 이상
⑥ 자가 면역체계 이상
⑦ 피부질환 및 피부손상
⑧ 질병 및 약물 과다복용
⑨ 두피 불청결 및 화학시술
⑩ 제품의 잘못된 선택

2) 탈모 진행형 두피 판독법

① **두피 톤** : 얼룩현상이 심하다.
② **모공 상태** : 다수 막혀있다.
③ **모발 탄력도** : 현저히 약하다
④ **피지분비량** : 높은 편이다.
⑤ **예민도** : 높다.
⑥ **모발 밀도** : 낮다
⑦ **모발 굵기** : 진행부위 모발은 가는 편이며 0.08mm 이하인 연모화가 되어간다.
⑧ **발생부위** : 정수리 및 두정부 주로 발생, 대부분 서서히 진행된다.

관리 전·후 사진 비교

1 스케일링 전·후 비교사진(80배율)

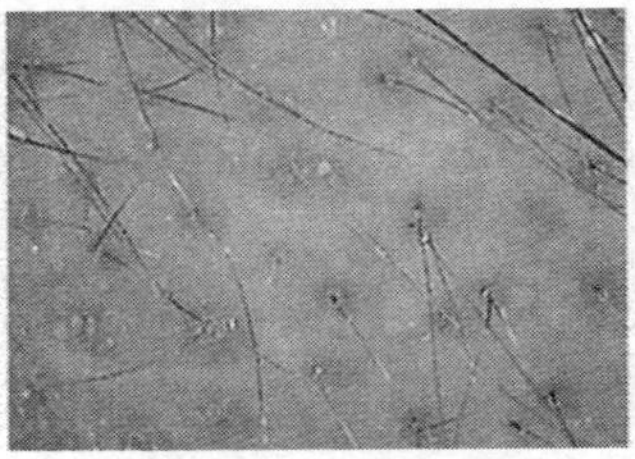

스케일링 전

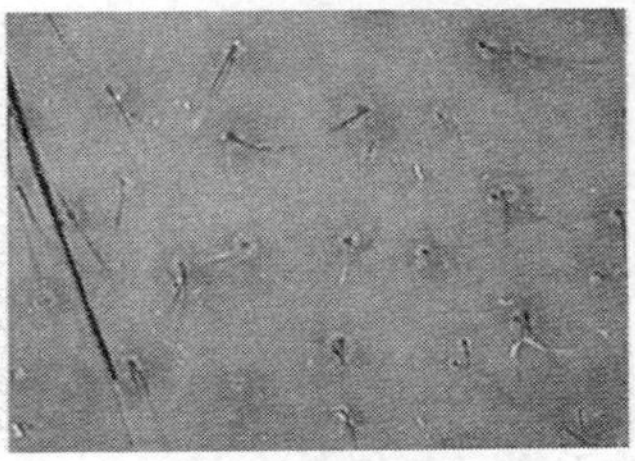

스케일링 후

스켈링 전과 후의 차이점과 특징을 적어보자.

② 스케일링 후 사진(80배율)

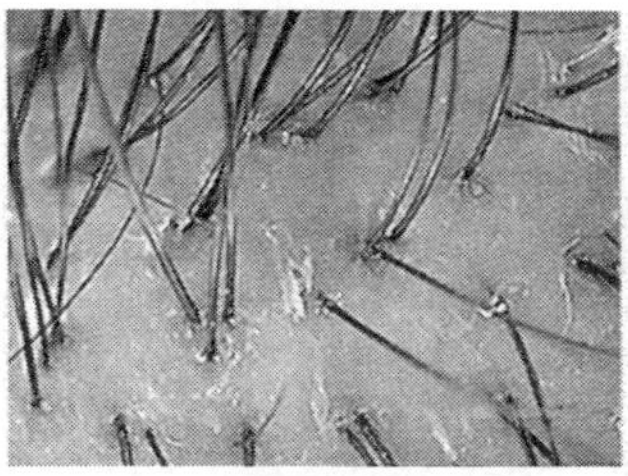

스케일링 전

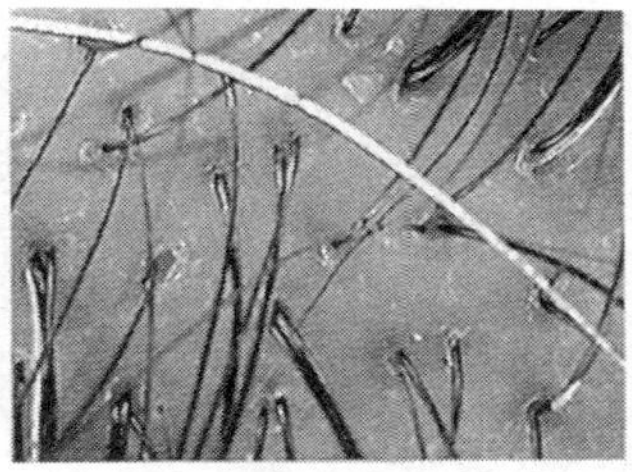

스케일링 후

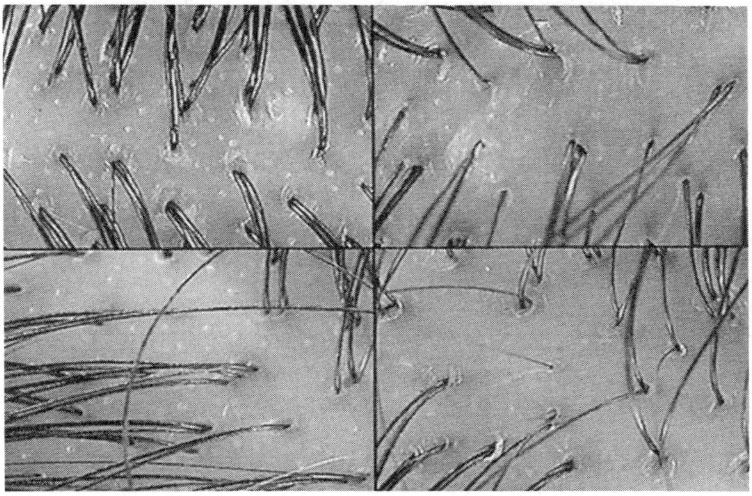

스켈링 전과 후의 눈으로 보이는 차이점과 특징을 적어보자.

③ 샴푸 후 사진(80배율)

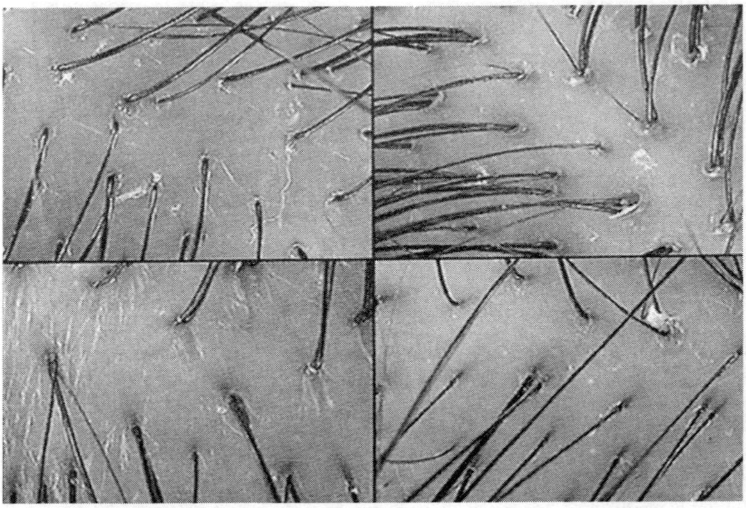

스켈링 전과 후의 눈으로 보이는 차이점과 특징을 적어보자.

CHAPTER

08 [11주 모발관리]

두피 경혈 마사지

현대는 환경오염과 과다한 업무에 의한 스트레스 등으로 노폐물이 축적되어 혈액과 림프순환을 저해시켜 탈모, 모발손상, 흰머리, 비듬 등을 초래한다. 이러한 신체의 일부 문제를 해결하기 위해 대체의학 중 하나인 경락에 대해 알아보고 수기요법으로 경혈을 자극한다.

경락과 경혈

1 경락

경락은 경맥과 낙맥의 총칭으로서 인체의 기혈을 운행하고 장부, 지절을 연락하며 내외와 상하를 서로 관통하여 인체기능을 조절하는 특수한 선모양의 계통이다. 즉 우리 인체의 오장육부를 돌면서 기가 순환하는 길을 달하며 14경락이 존재한다.(임맥, 독맥 포함)

2 경혈

경락 상에 존재하는 혈로 약 365개의 혈이 존재한다.

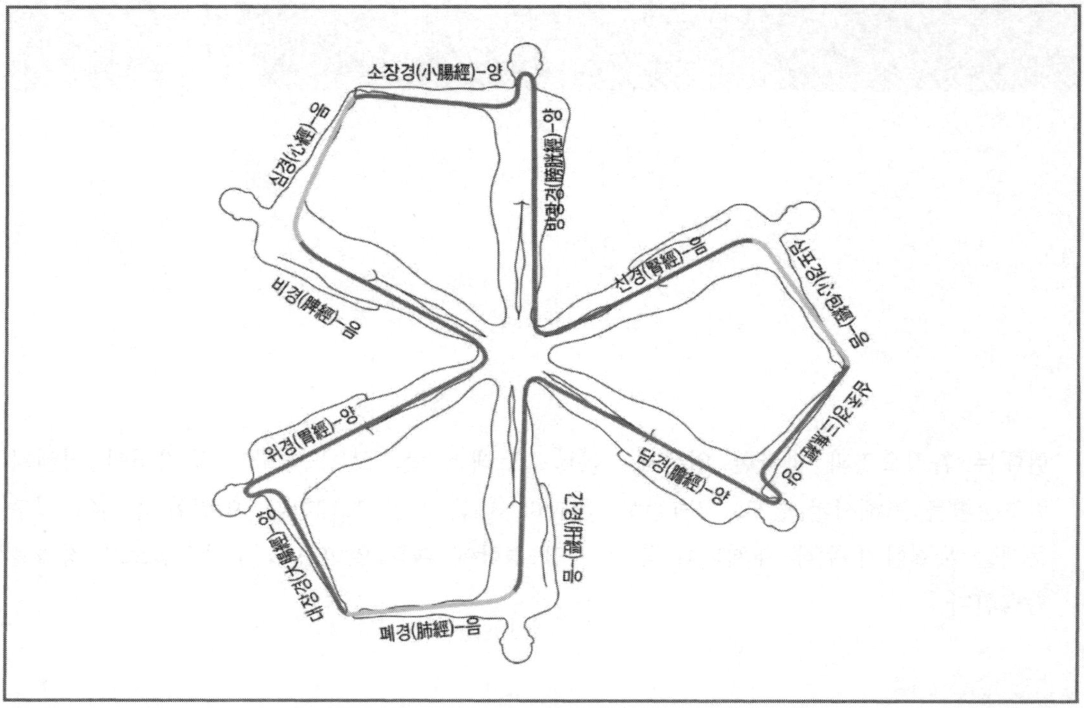

[그림 8-1 ➤ 경락의 순행]

정기혈과 모발

1 기의 생성

한의학에서도 인체를 구성하는 기본물질을 '기'라고 보고 있으며, 기의 운동과 변화에 의해서 생명활동이 발현하는 것으로 보고 있다. 즉, '기'는 인간 생명활동의 기초이다.

1) 기의 원

① **선천의 정기** : 부모한테 받은 선천의 정기이다.
② **후천의 정기** : 자연계의 청기와 비위에서 소화 흡수한 수곡의 기이다.

(1) 원기

① **생성** : 원기는 신이 저장한 정기로 선천의 기
② **기능**
㉠ 생명활동의 원동력이다.
㉡ 모발의 생장작용을 재촉하는 역할을 한다.

(2) 종기

① **생성** : 흉부에 모인 기이며 폐가 흡입한 청기와 비위가 생성한 수곡정기가 결합 기능
② **기능**
㉠ 폐를 도와 호흡을 주관하며 언어, 소리, 호흡의 강약과 직접 관련한다.
㉡ 심을 도와 혈을 순행한다. 즉 심장박동, 심률 등과 관련한다.

(3) 영기

① **생성** : 수곡정미 중의 정화부분이 생성한 것 영기는 맥 중에서 순행하는 혈맥중의 영양작용이 있는 기를 뜻한다.
② **기능**
㉠ 혈액을 생성한다. 혈액의 구성부분인 영기와 진액은 맥에서 혈로 된다.
㉡ 전신을 영양한다. 장부, 경락, 피모근골에 영양을 제공한다.

(4) 위기

① **생성** : 활동력이 강하고 유동이 빠르고 수곡정미의 한기가 생성한다. 위기는 경맥 밖에서 끊임없이 운행한다.
② **기능**
㉠ 면역 기능과 한선의 조절기능을 뜻한다.
㉡ 피부와 각 부위의 근육에서 활동하며, 모발의 온도와 영양의 작용을 담당한다.

2) 모발의 기

모발은 인체 내부의 기에 의하여 많은 영향을 받아서 성장 발육을 한다. 이러한 기는 머리카락에 영향을 미친다. 만약 기가 허하면 모발의 성장 발육에 많은 장해를 받는다.

① **신경이 예민한 사람** : 머리카락 역시 윤기를 잃고 손상
② **스트레스를 많이 받는 사람** : 원형 탈모증

3) 기의 상태에 따른 모발 변화

① 기가 없으면 머리카락에 탄력과 힘이 없어져서 노인의 머리카락처럼 늘어지게 된다.
② 기운이 뜨거우면 머리 밑, 즉 모근이 아프게 된다.

2 혈과 모발

1) 혈의 생성

혈액의 맥 중에서 순행하는 영양이 풍부한 홍색의 액체상태의 물질이고 인체를 구성하고 인체의 생명활동을 유지하는 기본물질의 하나이다. 혈은 음식물의 정화가 기화작용을 거쳐 생긴 붉은 물질로 중초의 비위에서 근원한다.

① **수곡정미** : 제일 기본적 물질이다.
② **영기** : 영기는 혈액의 구성 부분이다.
③ **진액** : 혈액의 구성부분이다.
④ **정수** : 혈액을 생성하는 기본물질이다.

1) 모발의 원료인 혈액

체내에서 순환하던 혈액의 잉여분이 모발로 변하게 된다고 보는 것이다. 여러 가지의 내부 장기 중에서도 특히 신(콩)이 머리카락의 성장 및 쇠퇴와 직접적인 관련이

있다고 본다. 특히 이 혈은 모발에 영양작용을 일으키는데, 혈기가 왕성하면 모발도 왕성해지고, 혈기가 부족하면 모발도 윤기를 잃고 수가 줄어들거나 빠지게 된다.

2) 모발의 원료인 혈액

(1) 피가 왕성한 사람

두발을 비롯한 모든 털이 잘자라며, 혈기왕성한 젊은 시절에 또한 잘 자라는 것이다.

(2) 뇌안의 혈류량이 부족

빈혈이 발생한 것처럼 두피가 긴장하거나 어깨와 목이 시큰하고 아파도 혈관에 영향을 미쳐서 혈액의 원활한 흐름을 방해하게 된다.

3) 혈기와 모발의 관계

① 혈이 성하면 모발에 윤기가 있고, 혈이 쇠하면 모발이 쇠하며, 혈에 열이 있으면 모발이 황색이 되고, 혈이 허하면 모발이 흰색으르 변한다.
② 청, 장년기에 혈기가 충만할 때는 모발이 치밀하고 색이 검고 광택이 있는 반면, 노년기에 접어들면서 혈기가 부족하고 장정 이 소멸 될 때 모발이 창백해지고 탈락되기 쉽다.
③ 월경이 오래 가거나 출산 후 출혈이 과하게 되면 혈액이 부족하게 되고, 모발이 주요 물질인 혈액이 부족하게 되며, 모발이 영양부존으로 인하여 탈모 등이 일어날 수 있다.
④ 혈이 뜨거워지며 두피, 모근에 열이 나서 모발의 생장환경이 좋지 못하기 때문에 탈모를 일으키기도 한다.

3 정과 모발

1) 정의 생성

① 인체를 구성하고 생명활동을 유지시키는 가장 기본적인 물질이다.
② 신천의 신기와 후천의 수고지기가 결합하여 생성된다.

2) 정의 기능

① 생식기능
② 생장발육
③ 수를 생하고 혈을 생성한다. 정혈동원이다.

4 정의 상태에 따른 모발

다정하면 머리카락이 가늘고 부드러우며 빽빽하고, 다혈하면 굵고 부드러우며, 다기하면 굵고 단단하며 짙어진다.

장부와 모발

각 부위에 난 모발은 털이 난 부위와 연관하여 그 털의 건강을 책임지는 오장육부는 각기 다르기 본다. 우리 몸에 난 털을 통틀어 책임지고 있는 것은 혈과 기이다. 곧 혈기가 충만하면 모든 털이 강하다는 말이다. 그런데 부위에 따라 각 털의 건강을 책임지는 장부가 다르기 때문에, 이런 장기들의 조화를 통하여 각자 생리 상태를 표현하는 모발을 생성한다.

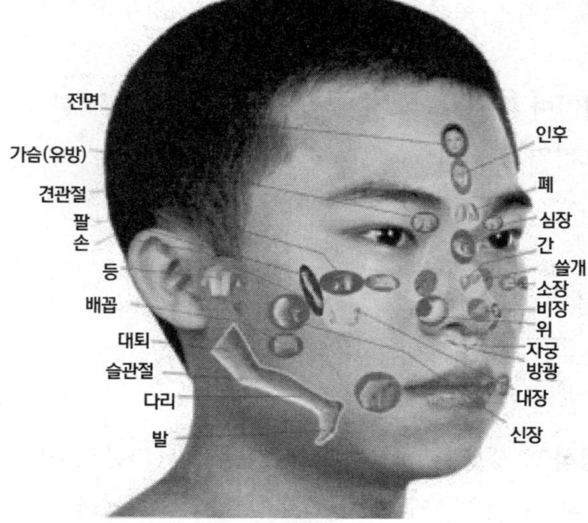

❶ 장부와 모발

1) 신장과 모발

(1) 신장과 모발의 관계

① 신장 정기가 혈액으로 화생하여 모발에 영양을 준다.
② 신장의 정기가 원기를 만들어 모발의 성장을 도와준다.
③ 모발의 영양을 제공한다.

(2) 한의학적 관점에서 본 모발과 신장

한의학에서는 머리카락은 그 근본이 어디까지나 신에 속하는 것으로 신기가 왕성하면 머리카락도 왕성하게 잘 자라고, 반대로 신기가 쇠약해지면서 빠지게 된다고 본다. 한방에서는 때문에 탈모가 정혈부족으로 일어난다고 본다.

❷ 폐와 모발

1) 폐와 모발과의 관계

피부와 가장 밀접한 장기는 한방에선 폐로 인지하는데 폐는 오장육부에서 만들어진 진액을 전신에 순환시키고 또 피부에 영양분을 공급하는 경우 원동력이 되고 막힌 경악을 기운으로 소통시킨다고 생각한다.

2) 한의학 관점에서 본 폐와 모발

① 폐는 기를 주관하며, 피모를 주관한다.
② 털에 영향을 주어 그을린 피부, 건강한 몸, 윤기 있는 모발을 만든다.
③ 폐가 약하거나 병이 있는 사람은 아무리 머리에 공을 들어도 머리카락이 거칠고 윤기가 없다.

3) 비장과 모발

비장의 주요기능은 화를 운반하는 것이다. 후천적인 영양분으로써 기혈을 만드는 원동력이 된다. 그러므로 비장기능이 정상적이면 모발도 충분한 영양분을 공급 받고 성장도 정상적인 반면, 비장의 기능이 감퇴되면 기혈과 정기 모두 나빠져 모발의 영양부족을 낳고, 모발이 건조하거나 딱딱해지며 탈모까지 일으킨다.

4) 간, 심장과 모발

간은 혈액을 품고 있고, 심장은 주로 혈맥을 담당하는데, 혈액의 정상적인 움직임과 영양만을 책임지며 저장·조절도 한다. 간의 기능이 원활하면 머릿결이 부드럽고 윤택하지만, 간기능이 저하되면 머리카락이 거칠고, 메마르고, 또 머리카락이 회백색으로 변할 때는 몸속의 피가 차가워서 오는 것이므로 간의 피를 보충해주면 좋아진다. 이처럼 간과 심장은 매우 밀접한 관계가 있다.

두피 경혈 마사지

두피경혈마사지는 얼굴의 양경락과 함께 연결선상으로 이루어지면 두피문제는 얼굴문제로 얼굴문제해결의 한계점을 두피관리를 통해 극복하고 모발건강까지 자연스럽게 관리한다.

경부의 수축, 긴장은 동맥, 정맥의 순환장애를 일으키고 혈액순환과 임파절의 흐름을 방해하므로 두피 마사지는 승모근까지의 뒷목 근육을 먼저 풀어주고 후두부 헤어라인과 머릿속 경락라인을 따라 풀어주는 느낌으로 행한다.

1 두피 경혈 마사지의 효과

① 근육을 강화하고 스트레스와 긴장을 풀어준다.

② 신체의 경락과 지압점을 자극하여 체내 기관의 에너지 균형이 이룬다.

③ 림프선 계통의 자극으로 면역력을 증가시킨다.
④ 내분비 계통의 자극은 호르몬 분비의 균형을 이루어, 모발손상을 개선시킨다.
⑤ 피부노화를 예방하고, 피부에 윤기를 더해준다.
⑥ 두피 속의 열을 제거하여 탈모를 예방한다.
⑦ 혈액순환을 원활하게 하여 모발의 성장을 촉진시킨다.
⑧ 신체의 자연치유력을 높인다.

경락 마사지 준비 단계 및 주의 사항

① 시술공간을 확보하고 따뜻하고 안락한 상태를 만들어준다.
② 조명을 너무 밝지 않게 조정한다.
③ 아로마향을 피워 심신안정에 도움을 준다.
④ 시술자는 활동하기 편한 옷으로 갈아입고 장신구를 제거한다.
⑤ 손톱은 짧게 깎아야 한다.
⑥ 시술과정을 시작하기 전에 먼저 고객에게 이제 무엇을 할 것이며 그 느낌은 어떤 것인지에 대해 설명해준다.
⑦ 처음에는 부드럽게 시작해서 점점 압력을 증가시키고 마무리 시에는 힘을 다시 빼준다.
⑧ 항상 고객의 표정이나 반응을 살피면서 시술한다.
⑨ 상처나 염증이 생긴 피부에 직접 시술하는 것을 피한다.
⑩ 시술이 끝난 후에 고객에게 마음을 안정시킬 시간을 주는 것이 좋다(따뜻한 차를 드린다).
⑪ 관리사는 반드시 관리 후 차가운 물로 손을 씻는다.

기본혈점과 골격

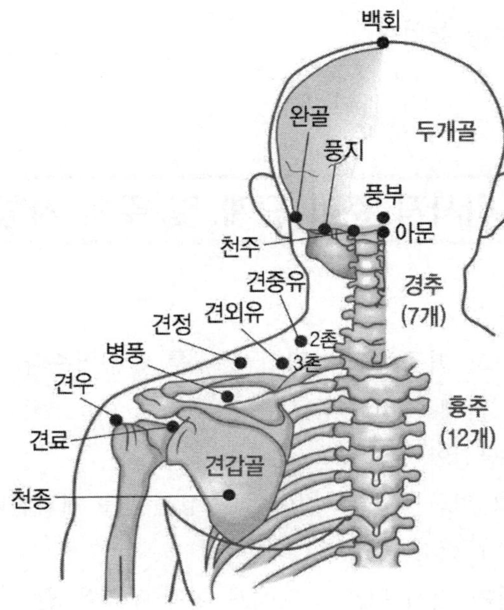

[그림 8-2 ➤ 기본혈점과 골격]

1) 두개골

두상에 있는 뼈로 전두골과 후정골로 나눈다.

2) 경추

흔히 목뼈라고도 하며 7개의 뼈로 이어져 있다.

3) 흉추

경추 밑으로 12개가 존재하며 횡경막과 이어져 있다.

4) 견갑골

흉관의 뒷면에 좌우대칭으로 제2흉추~제7흉추에 걸쳐 있으며 길이는 9~10cm의 넓적한 삼각형 모양이다.

5) 백회

① **위치** : 정수리에 위치하며 양귀의 중간지점
② **적용** : 두통, 현기증, 불면증, 고혈압

6) 풍부

① **위치** : 외후두골융기 바로 밑에 존재
② **적용** : 두통, 현기증, 불면증, 고혈압

7) 아문

① 머리카락이 시작되는 곳, 경추1번 밑
② **적용** : 두통, 목의 통증

8) 천주

① **위치** : 뒷머리 모발선에서 위로 0.5촌, 중강선 양측에서 각각 1.3촌

9) 풍지

① **위치** : 모발선의 오목한 곳에 있는 두개골 아랫부분
② **적용** : 감기, 현기증, 불면증

10) 완골

① **위치** : 유양돌기와 두개골이 만나 움푹 파인 곳
② **적용** : 얼굴부종, 턱선의 늘어짐, 목이 두꺼워짐, 어깨경직

11) 견정

① **위치** : 경추 7번 극돌기에서 견봉까지 연결선의 중앙지점
② **적용** : 목의 통증과 뻣뻣한 증상, 어깨통증에 효과

12) 견료

① **위치** : 팔을 위로 올렸을 때 뒤로 움폭 들어간 곳
② **적용** : 근육의 뻣뻣한 증상, 근육통에 효과

13) 견정

① **위치** : 팔을 위로 올렸을 때 앞부분에 움푹 들어간 곳
② **적용** : 관절의 통증이나 근육이 뻣뻣한 증상

14) 견중유

① **위치** : 경추 7번 극 돌기에서 2촌 옆
② **적용** : 어깨 또는 등의 통증, 목의 경직, 기관지염

15) 천종

① **위치** : 견갑골의 중앙지점
② **적용** : 어깨 및 견갑골 부위의 통증, 팔의 마비

16) 병풍

① **위치** : 천종에서 수직선상에 있는 겹갑골 끝부분에 위치
② **적용** : 어깨통증

경혈위치 확인법

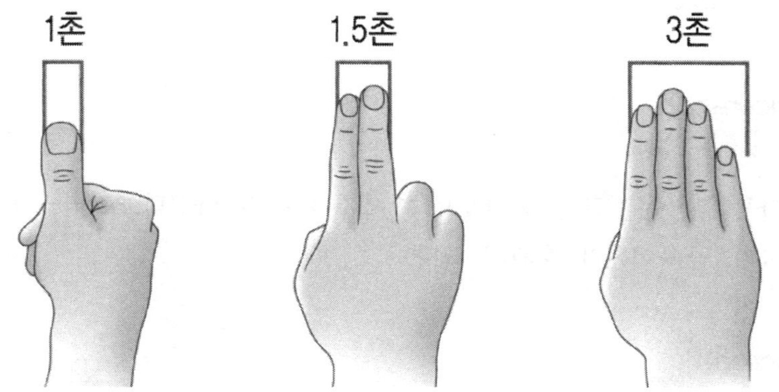

[그림 8-3 ➤ 경혈위치 확인법]

경혈의 위치는 일반적으로 인체도에 촌단위로 표시되어 있다. 그러나 촌(치)은 일반적인 인치와는 다르며 모든 사람이 적용되는 것이 아니라 개인차가 있다.
경험을 통해 정확한 위치를 알 수 있으며 누를 때 아프거나 통증이 있는 곳이 가장 정확한 지점이라 할 수 있다.
이런 방법은 동신촌법이라 하며 개인의 손가락너비를 측정단위로 사용하는 것이다. 이러한 방법은 사용하기 쉽지만 골도법보다 다소 정확성이 떨어진다.

두피 경혈 마사지

1 기본 마사지 방법

1) 경찰법(Effleurage)

가볍게 쓰다듬거나 문지르는 동작으로 마사지 시작과 마지막, 그리고 마사지 중간 중간에 행하며, 근육이완에 효과가 크다.

2) 강찰법(Friction)

피부를 가볍게 누르듯이 행하며 약간 자극적인 동작이다.

3) 유연법(Petrissage)

엄지와 검지를 많이 사용하며 지어주듯이 주물러 근육을 풀어주는데 효과가 있다.

4) 진동법(Vibration)

피부조직에 진동을 전달해 근육이 뭉친 곳을 풀어준다.

5) 고타법(Tpotment)

피부조직을 두드려주는 것으로 손바닥이나 주먹 등을 이용한다.

❷ 마사지 실시

[이곳에 실습 사진을 붙이세요.]	[이곳에 실습 사진을 붙이세요.]
1. 준비단계로 가볍게 손님의 어깨의 손은 얹고 릴렉스 시켜준다.	2. 한손은 어깨, 다른 한 손은 머리에 두고 스트레칭 시켜준다.

[이곳에 실습 사진을 붙이세요.]	[이곳에 실습 사진을 붙이세요.]
3. 승모근을 중심으로 손 전체를 밀착시켜 손바닥을 밀착시켜 집어준다(약한압 → 강한압 → 약한압).	4. 3번의 위치에서 마찬가지로 엄지와 검지사이의 근육을 이용해 집어준다.

[이곳에 실습 사진을 붙이세요.]	[이곳에 실습 사진을 붙이세요.]
5. 경혈 누르기(견정) : 7번 경추 극돌기에서 어깨뼈 뒷부분(견봉)까지 연결선의 중앙에 위치 → 목의 통증과 뻣뻣한 증상, 어깨통증에 효과	6. 경혈누르기(견료) : 팔을 올렸을 때 뒤쪽에 움푹 들어간 곳 → 근육의 뻣뻣한 증상, 근육통에 효과

[이곳에 실습 사진을 붙이세요.]	[이곳에 실습 사진을 붙이세요.]
7. 경혈누르기(견우) : 팔을 들어 올렸을 때 앞쪽에 움폭 들어간 곳으로 관절의 통증이나 근육의 뻣뻣한 증상에 효과가 있다.	8. 경혈누르기(천종) : 견갑골의 거의 중앙에 있는 오목한 부분이나 견갑골 하면에 위치 → 어깨통증, 견갑골 사이의 통증의 효과

[이곳에 실습 사진을 붙이세요.]	[이곳에 실습 사진을 붙이세요.]
9. 경혈누르기(병풍) : 천종에서 수직선상으로 위쪽에 있다. → 어깨통증, 견갑골의 통증에 효과	10. 경혈누르기(견종) : 대추에서 2촌 거리에 위치 → 어깨통증, 목이 뻣뻣한 증상, 견갑골 사이 통증에 효과

[이곳에 실습 사진을 붙이세요.]	[이곳에 실습 사진을 붙이세요.]
11. 경혈누르기(견외유) : 흉추 1번에서 3촌거리 → 어깨통증, 목의 경직에 효과	12. 가볍게 쓰다듬기

[이곳에 실습 사진을 붙이세요.]	[이곳에 실습 사진을 붙이세요.]
13. 견갑골 주위 풀어주기 → 폐 부위 자극으로 호흡기 질환이 좋다.	**14. 척추 옆에 가볍게 풀어준다.**

[이곳에 실습 사진을 붙이세요.]	[이곳에 실습 사진을 붙이세요.]
15. 승모근을 부드럽게 풀어준다.	**16. 주완 부위를 이용해 근육을 풀어준다.(단, 뼈끼리 닿지 않게 주의)**

[이곳에 실습 사진을 붙이세요.]	[이곳에 실습 사진을 붙이세요.]
17. 쓰다듬기	**18. 한손은 이마를 받치고, 나머지 한손의 엄지를 이용해 아문, 풍부혈을 자극시켜며 끌어올려준다.**

[이곳에 실습 사진을 붙이세요.]	[이곳에 실습 사진을 붙이세요.]
19. 양 엄지를 이용해 천주, 풍지, 완골을 풀어준다.	**20. 한손으로 이마를 받치고, 다른 한손의 엄지, 검지, 중지를 사용하며 경추 좌, 우측 근육을 조여준다.**

[이곳에 실습 사진을 붙이세요.]	[이곳에 실습 사진을 붙이세요.]
21. 두개골 바로 아랫부분을 집중적으로 풀어준다.	**22. 목 뒤 스트레칭** **- 한 손은 두개골 밑을 받쳐주고, 다른 한손은 이마에 놓는다.** **- 천천히 뒤로 제쳐준다.**

[이곳에 실습 사진을 붙이세요.]	[이곳에 실습 사진을 붙이세요.]
23. 머리카락 쓰다듬기	**24. 백회부분 3~5회 지압**

[이곳에 실습 사진을 붙이세요.]	[이곳에 실습 사진을 붙이세요.]
25. 페이스라인(헤어라인) 따라 지압	**26. 정중앙에 양옆으로 둥글리듯 지압**

[이곳에 실습 사진을 붙이세요.]	[이곳에 실습 사진을 붙이세요.]
27. 엄지와 검지를 이용하여 두피를 집듯이 주무르기	**28. 주먹쥐고 두피 자극하기**

[이곳에 실습 사진을 붙이세요.]	[이곳에 실습 사진을 붙이세요.]
29. 두피 아래 근육을 풀어주기 위해 머리카락을 가볍게 쥐고 당겨주기	**30. 모발정리**

[이곳에 실습 사진을 붙이세요.]	[이곳에 실습 사진을 붙이세요.]
31. 두피 아래 근육을 풀어주기 위해 머리카락을 가볍게 쥐고 당겨주기	**32. 모발정리**

[이곳에 실습 사진을 붙이세요.]

33. 얼굴지압 : 찬죽, 정명, 영향, 거료, 승장, 상염천 부위 지압

[이곳에 실습 사진을 붙이세요.]	[이곳에 실습 사진을 붙이세요.]
34. 눈썹주위 집어주기	**35. 이문, 청궁, 청회지압하기**

[이곳에 실습 사진을 붙이세요.]	[이곳에 실습 사진을 붙이세요.]
36. 엄지 손가락으로 전체적으로 압을 천천히 준다.	**37. 귀를 반으로 접어준다.**

[이곳에 실습 사진을 붙이세요.]	[이곳에 실습 사진을 붙이세요.]
38. 살짝 잡아당겨 준다.	**39. 귀를 앞으로 젖혀준다.**

[이곳에 실습 사진을 붙이세요.]	[이곳에 실습 사진을 붙이세요.]
40. 머리카락 가볍게 연결시키듯 쓰다듬기	**41. 승모근 풀어주기**

[이곳에 실습 사진을 붙이세요.]	[이곳에 실습 사진을 붙이세요.]
42. 승모근 두드려 주기	**43. 어깨를 감싸고 스트레칭 시켜주기**

[이곳에 실습 사진을 붙이세요.]	[이곳에 실습 사진을 붙이세요.]
44. 고객의 삼각근을 잡고 풀어주기	**45. 마무리 스트레칭**

❸ 통증이나 문제해결을 위한 경혈지압

1) 두통

두통에는 여러 가지가 있는데 대부분 혈관수축으로 인한 순환기의 장애가 나타나며 특히 기와 혈의 부족이나 과도한 양기의 침투에 의해 생긴다(각 경혈마다 약 30회 정도 실시).

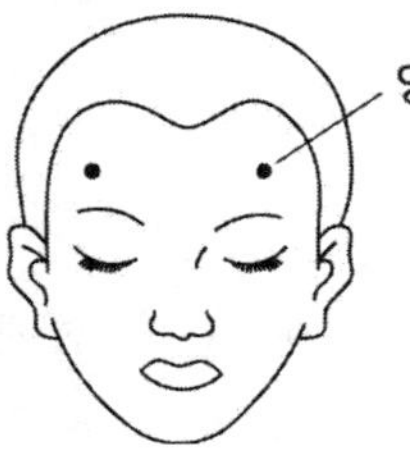

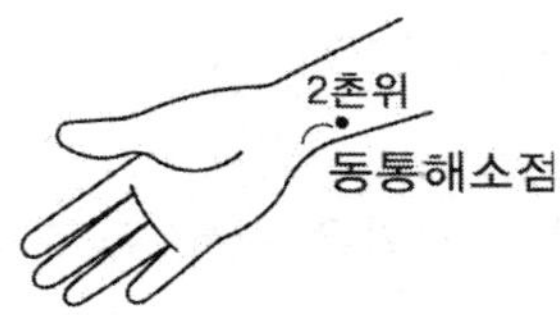

(1) 전두부의 두통

양백혈과 동등해소점을 눌러준다.

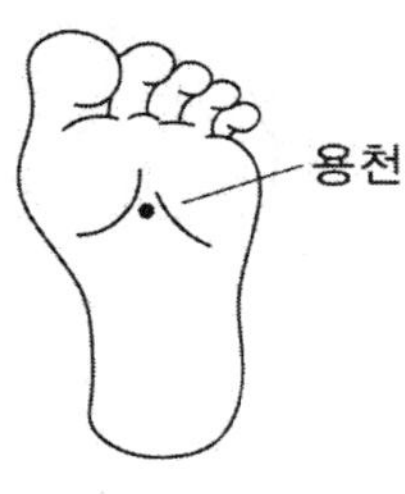

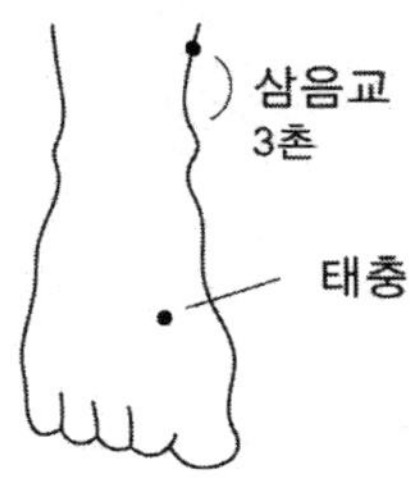

(2) 상부 두통

태충혈과 삼음교, 용천혈을 눌러준다.

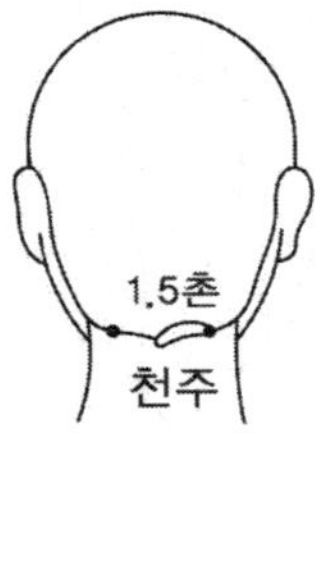

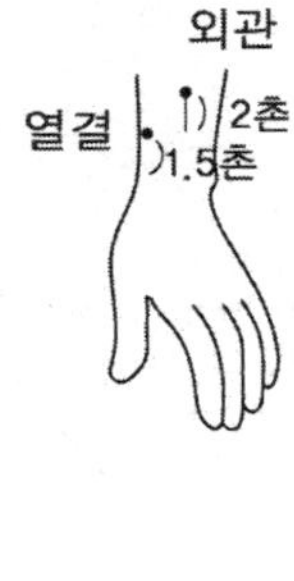

(3) 후두부 두통

천주혈과 후계, 내관, 외관, 연결을 차례대로 지압한다.

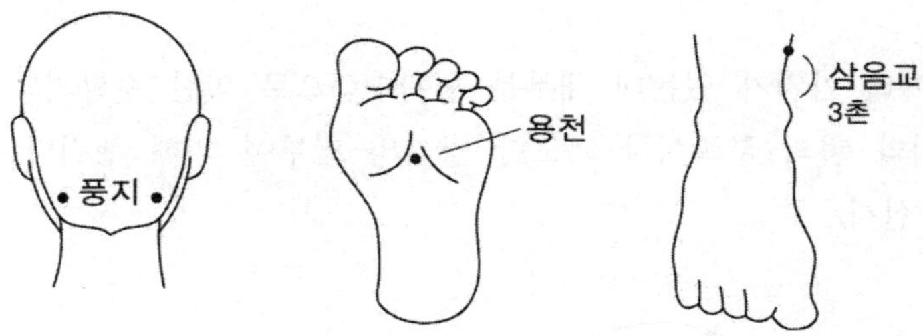

(4) 경부 두통

스트레스가 많은 사람은 특히 경부가 경직되어 있어 혈액순환을 방해함으로써 두통을 일으킨다. 피로 및 혈액순환을 원활하게 해주는 풍지혈과 용천, 삼음교, 신문, 내관, 곡지혈을 지압해준다.

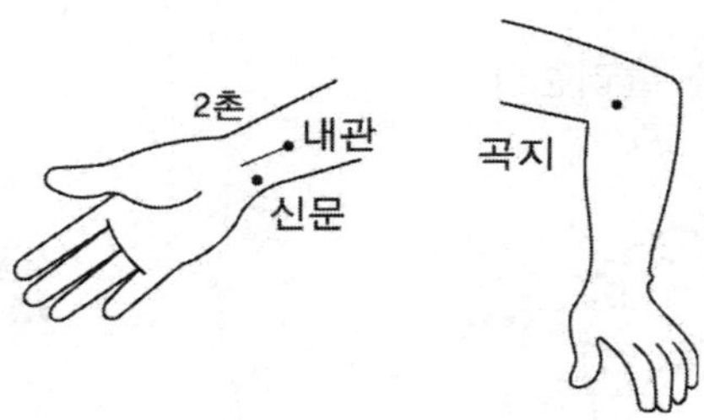

2) 윤기나는 머릿결

두피와 모발에 영양을 공급해주는 백회혈과 부신의 기능을 좋게 하는 신혈, 혈액순환을 촉진시켜주는 용천혈을 지압함으로 윤기나는 머릿결, 건강한 모발을 유지하자.

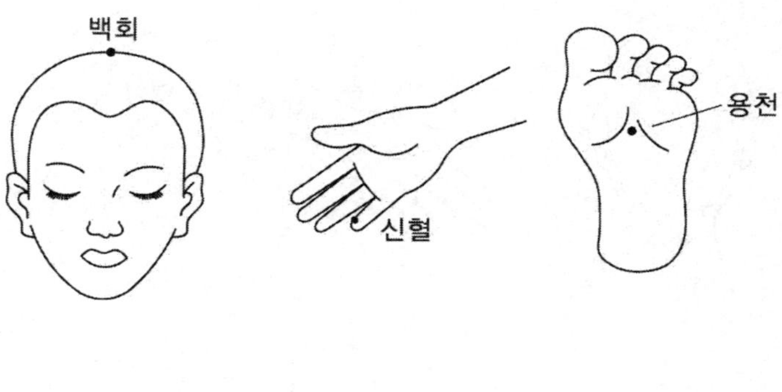

3) 흰머리 예방

흰머리는 특히 신장의 기가 원활하지 않을 때 생기므로 신장의 기를 좋게 해주는 신유와 혈액순환을 촉진시켜주는 백회, 노폐물을 배출시켜주는 혈해혈을 지압함으로 흰머리를 예방한다.

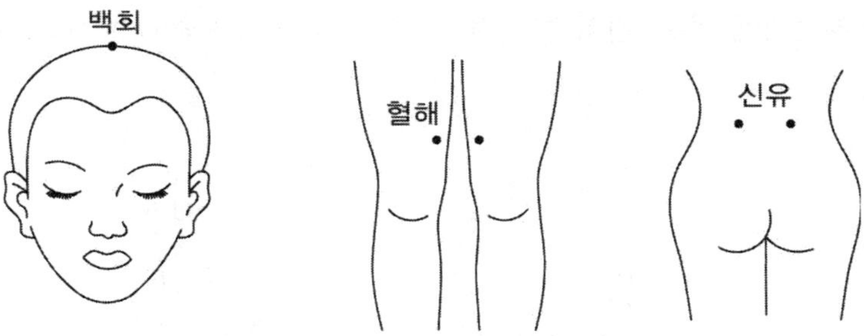

4) 탈모를 없애는 결혈지압

탈모의 주원인인 스트레스와 호르몬을 해소시켜주기 위해 백회, 합곡, 태충혈을 지압해준다. 이는 에너지, 즉 호르몬 밸런스를 원활히 조절해준다.

5) 비듬없는 두피

두피를 청결하게 해주고 수분을 공급해주는 천주혈과 두피의 열을 제거시켜주고 혈액순환을 촉진시키는 백회, 현로혈을 자극 시켜준다.

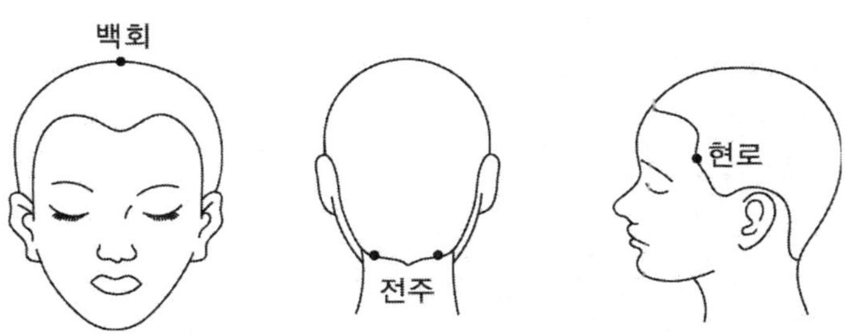

6) 경부의 경직

스트레스는 경부의 경직으로 이어지고 경부의 경직은 혈액순환이 원활하지 않을 때 생긴다.

즉, 경부의 경직은 기혈의 흐름이 원활하지 못한 것으로 탈모의 원인이 되기도 한다. 따라서 경부경직에 좋은 견정혈과 혈액순환을 촉진시켜주는 풍지혈, 합곡, 외관혈을 눌러준다.

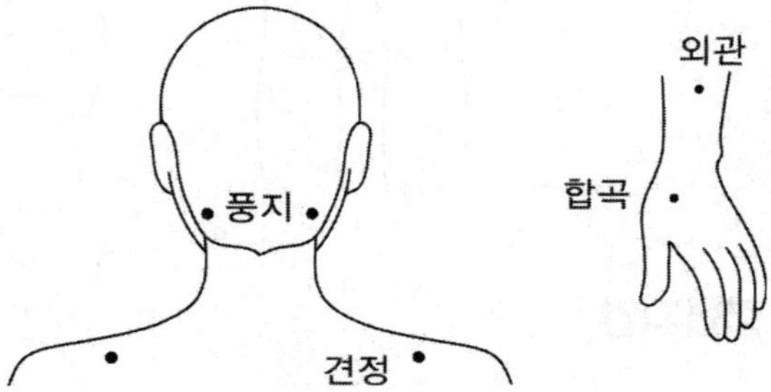

CHAPTER

09 [12주 직무수행능력 2차, 13주 두피모발관리 마무리]

스켈프 트리트먼트

학습목표

① 두피 관리사 기본 사항이며 실제 시술에 대한 기본 자세 및 관리 요령 습득을 위함이다.
② 세정제의 원리를 이해하는 것이 중요하며 자신의 현 두피상태 파악 후 정확한 세정제를 사용함으로써 두상 피부 건강을 유지하는데 그 목적이 있다.
③ 성분에 대한 기본 지식을 통해 두피 타입에 따른 올바른 제품 사용에 목적이 있다.

두피 스케일링

두피 스케일링이란 두피의 노폐물과 피지, 각질을 청소하는 것으로 두피 케어를 하기 위해 두피의 모공을 열어 주는 준비단계를 말한다.
두피는 피지, 각질(비듬), 먼지 등의 오염 물질 때문에 산화가 쉽게 이루어져 곰팡이, 박테리아 등의 번식이 쉽고 이에 따라 염증이 일어날 수 있는데 이것을 없애거나 예방하는 것이 두피 스케일링이며 두피 스케일링은 두피를 정상적 기능화 시키는 과정을 말한다.

1 두피 타입별 스케일링제

1) 민감성 두피

민감성 두피에는 두피를 안정시키기 위한 활성 성분이 들어 있고 두피와 모발에 유, 수분 균형을 고려한 제품 고른다.

2) 비듬성 두피

비듬과 각질이 많은 두피는 각질을 감소시키기 위해 미생물이나 곰팡이가 증식하지 못하도록 피지 조절을 할 수 있는 성분이 들어 있는 것을 고른다.

3) 기름기가 많은 두피

과다한 피지 형성을 방지하기 위해 두피의 피지 밸런스를 맞춰 주는 성분이 들어 있는 제품을 고른다.

2 스케일링제의 종류

스케일링 제는 성상에 따라 여러 종류로 구분된다.

1) 액상 타입

가벼운 각질 및 피지를 제거할 때 사용되며 두피 스케일링 시 피부로 흘러내릴 수가 있기 때문에 주의해야 한다.

2) 겔 타입

일반적인 각질 및 피지를 제거할 때 사용된다.

3) 크림 타입

심한 각질 및 과잉 피지 제거할 때 사용되며 두피 스케일링 시 모발에 부착될 수 있기 때문에 두피에 정확히 도포해야 한다.

겔 타입

크림 타입

[그림 9-1 ➤ 스케일링제의 종류]

3 스케일링 시 사용되는 도구

스케일링 시 두피에 도포되는 도구로는 압축솜, 스틱면봉, 스포이드, 손 등 여러 가지 도구를 이용하게 되는데 이 때 주의사항은 시술 전 관리사 및 시술도구에 소독을 통해 고객에게 세균을 막는 것이 무엇보다 더 중요하다.

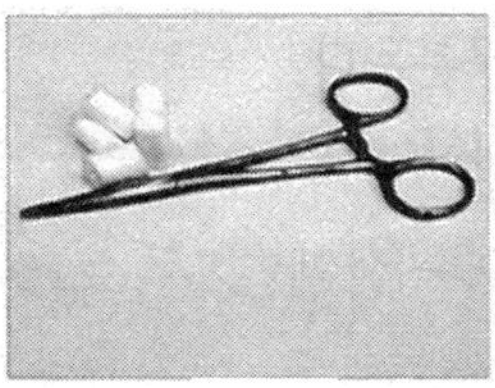

압축솜

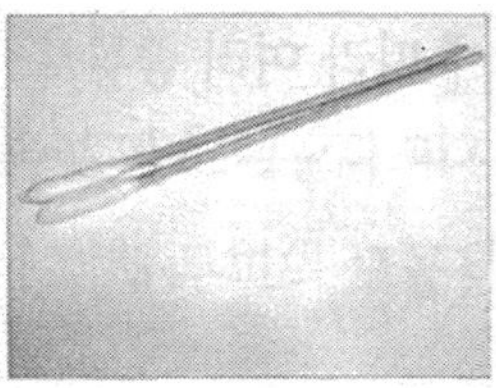

스틱면봉

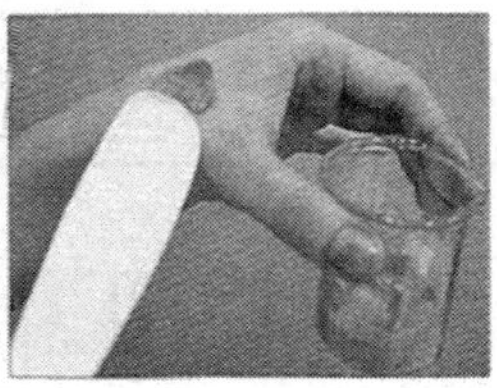

손 사진

압축솜 도포

스틱면봉 도포

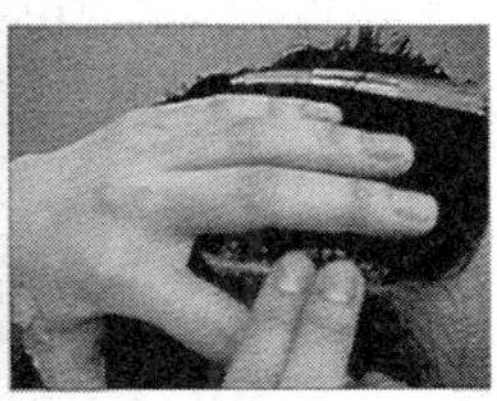

손 도포사진

4 스케일링 시술방법

[이곳에 실습 사진을 붙이세요.]	[이곳에 실습 사진을 붙이세요.]
1. 모발을 빗질한다(모류 반대 방향 빗질).	**2. 두부를 4등분한다.**

[이곳에 실습 사진을 붙이세요.]	[이곳에 실습 사진을 붙이세요.]	[이곳에 실습 사진을 붙이세요.]
3. 전두부부터 시작하여 측두부를 이동한다(이때 간격은 1~1.5cm를 유지한다).		

[이곳에 실습 사진을 붙이세요.]
4. 정수리부터 네이프 라인까지 시술한다.

[이곳에 실습 사진을 붙이세요.]	[이곳에 실습 사진을 붙이세요.]
5. 헤어라인을 마무리 한다.	**6. 모발을 정리한다.**

5 주의사항

① 정확한 섹션을 나눈다.
② 섹션을 나눌 때는 꼬리빗을 이용한다.
③ 도포 시 모발 엉킴을 주의하고 긴 모발일 경우 고객 안면으로 모발이 넘어가지 않도록 모발을 잘 고정한다.
④ 크림 타입일 경우 충분히 유화된 뒤 헹구어낸다. 두피에 남았을 경우 안 좋은 영향을 끼칠 수 있다.
⑤ 제품별 사용법을 숙지한다.
⑥ 시술 전, 후 사용도구는 소독을 한다.
⑦ 주변 정리를 한다.

샴푸

1 샴푸의 목적 및 조건

샴푸라는 단어는 흰두어인 'champi'를 어원으로 하며, '마사지하다', '매만지다', '주무르다'라는 뜻을 가지고 있으며 모발의 손질의 첫 단계 '씻어내다'라는 세정의 의미로서 사용된다.

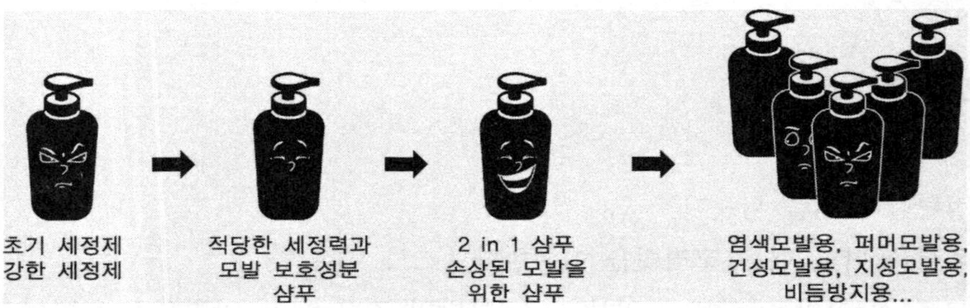

[그림 9-2 ➤ 샴푸의 변천 과정]

1) 샴푸의 목적

① 두피와 모발의 여러 이물 및 노폐물 제거한다.
② 두피의 적당한 자극을 주어 혈행 촉진과 모발의 육성을 촉진시킨다.
③ 피지와 유기물로 인한 모발의 연모화 및 탈모 방지한다.
④ 두피와 모발의 컨디션의 조절한다.

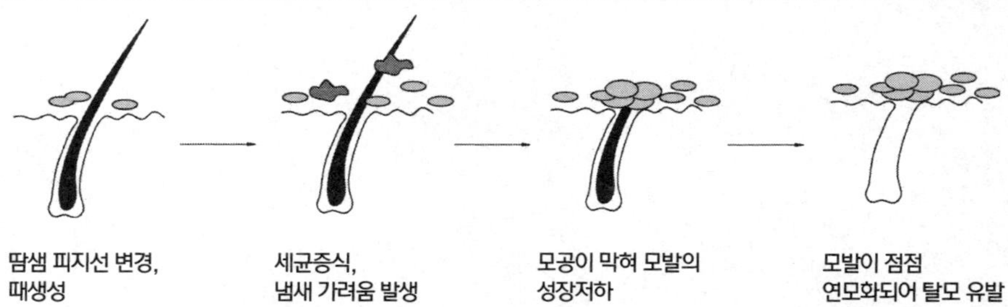

[그림 9-3 ➤ 샴푸를 하지 않았을 경우의 모발]

2) 샴푸의 조건

① 두피 및 모발의 지나친 유분제거 현상을 억제하고 적당한 세정력을 갖추어야 한다.
② 거품이 풍부하고 미세하여 샴푸 시 모발과 모발의 마찰을 막을 수 있고 지속성이 있어야 한다.
③ 샴푸 후 헹굼이 잘 되어야 한다.
④ 저자극의 식물성 성분이어야 한다.
⑤ 모발에 광택과 유연성을 주어야 한다.
⑥ 샴푸 후 빗질이 잘 되어야 하다.
⑦ 샴푸 후 비듬이나 가려움, 염증 등의 현상이 나타나지 않아야 한다.
⑧ 샴푸의 pH가 약산성 혹은 중성이야 한다.

2 세정 작용의 원리

① **흡착** : 계면활성제의 친유기가 모발에 붙어있는 때의 표면으로 모아지게 한다.
② **침투** : 계면활성제의 작용에 의해 모발 사이사이에 샴푸를 침투시켜 물만으로는 제거되지 않는 때를 모발로부터 떨어지도록 한다.
③ **유화** : 때를 완전히 감싸서 모발로부터 떨어지게 한다.
④ **분산** : 때를 감싸 다시 모발에 붙지 않도록 한다.
⑤ **헹굼** : 샴푸제와 함께 때도 물에 헹구어져 떨어진다.

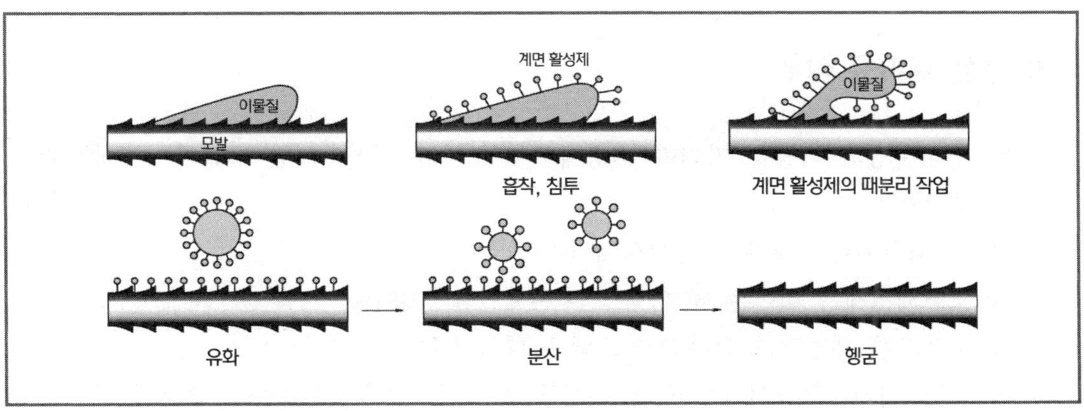

[그림 9-4 ➤ 세정 작용의 원리]

3 샴푸제의 종류

샴푸제는 그 기능에 따라 크게 일반 샴푸와 기능성 샴푸로 구분된다. 일반 샴푸의 경우 석유계 계면활성제를 사용하므로 세정 효과가 높지만, 두피를 자극할 수 있다. 반면 기능성 샴푸의 경우 두피 및 모발의 타입별 또는 문제성 부위에 따라 분류되어 있어 사용이 매우 용이하지만 샴푸 선택시 전문가의 조언 및 진단 후 구입하여야 한다.

1) 지성두피용 샴푸

① 세정력을 높게 해주는 음이온 계면활성제(1.5배~2배)를 이용하여 피지를 효과적으로 제거한다.
② 피지분비를 조절해 주는 역할과 세균번식을 막고, 염증을 예방한다.
③ 두피와 모발에 흡착되어 있는 먼지, 노폐물 등을 제거한다.
④ 양쪽성이온 계면활성제(보조 세정제)는 눅눅하고 무거운 감을 줄 수 있기 때문에 사용하지 않는다.
⑤ 헹굼 시 부드러운 느낌을 주는 오일, 폴리머 등의 컨디셔닝 제재들은 최소 함량만 사용하여 샴푸시 모발의 엉킴을 방지 한다.
⑥ 세정력이 강하기 때문에 두피를 심하게 자극하는 것은 금물이다.
⑦ 장기간 사용할 경우 두피를 건조화시킬 우려가 있기 때문에 세정력이 약한 샴푸와 병행하여 사용하는 것이 더욱 효과적이다.
⑧ 샴푸의 횟수는 1일 2회로 저녁에는 샴푸를 (딥클렌징)사용하고 아침에는 미온수로 (라이트클렌징) 해 주는 것이 바람직하다.

2) 건성 두피용 샴푸

① 컨디셔닝의 기능을 가미한 세정제로 건조하고 푸석푸석한 모발과 두피를 위한 샴푸이다.
② 주 세정제는 음이온 계면활성제이다.
③ 보조세정제는 비이온 및 양쪽성 이온계면활성제이다.
④ 마일드한 세정력과 풍부한 기포력을 형성해준다.
⑤ 모발 세척과정에서 과다하게 손상될 수 있는 보습성분들을 보충하여 줌으로써 두피에서의 건조 현상을 최소화 한다.

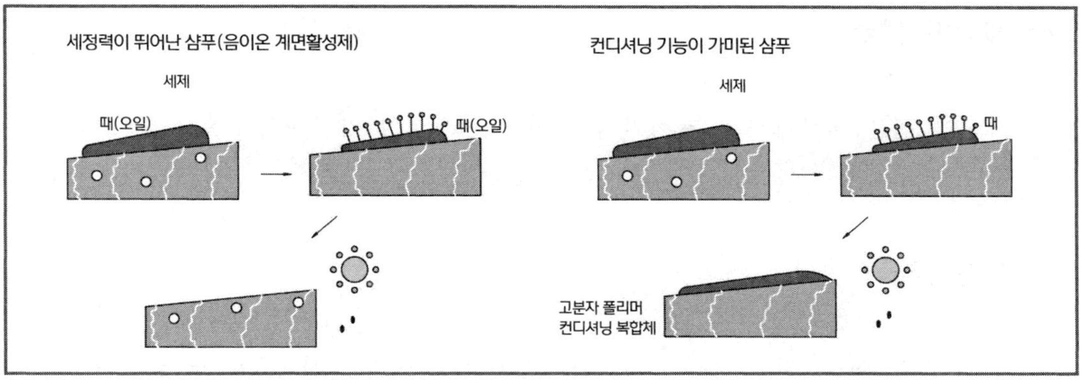

[그림 9-5 ➤ 샴푸제 종류에 따른 세정작용]

⑥ 오일성분, 천연보습성분, 가수분해 단백질 등을 함유하여 모발에 흡착시켜 엉킴을 최소화, 광택, 감촉, 빗질 향상시킨다.
⑦ 저작극 식물성으로 보습과 영양을 줄 수 있는 제품이 효과적이다.

3) 향비듬성 샴푸

① 징크피리티온(anti-dandruff shampoos)이 함유되어 있어 비듬의 원인을 제거하는 효과가 있다.
② 비듬균(피디로스포름, 말세시아)의 성장을 억제하여 비듬의 발생을 억제하는 샴푸이다.
③ 주성분으로 아연피리치온을 많이 사용한다.
④ 비듬이 모공을 막고 있을 경우 피지분비가 원활하지 못하여 염증을 유발할 수 있으므로 두피를 청결히 유지하는 것이 중요하다.
⑤ 헹굴 때 샴푸의 잔여물이 남지 않도록 깨끗이 헹구어 낸다.

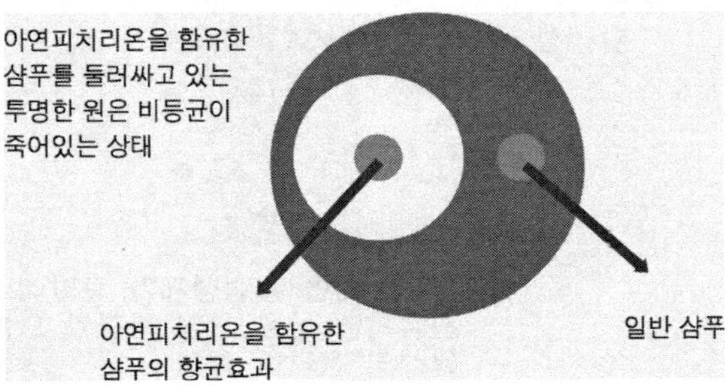

[그림 9-6 ➤ 향비듬성 샴푸]

4) 베이비 샴푸

어린이 전용 샴푸제로서 탈지력이 약하며 저자극성 계면활성제를 사용하여 안전하다.

5) 산성 샴푸

① 구연산, 연산, 린산 등에 의해 pH가 5.5~6 정도의 약산성으로 되어 있다.
② 헤어 컬러링이나 퍼머넌트 웨이브 시술 후 모발에 세정하도록 되어 있다.
③ 시술 후 모발 pH 알칼리화되어 있는 상태를 모발 등전점으로 맞추어 주는 기능을 한다.
④ 모발의 팽윤화를 억제하기 때문에 칼라링 시술 후 사용하면 효과적이다.

4 컨디셔너의 종류

1) 정상모발에 적합한 컨디셔너

① 소량의 고급 왁스와 양이온계면활성제, 양이온폴리머를 사용한다.
② 주로 저분자량의 실리콘 오일을 사용한다.
③ 모발을 가볍게 코팅해 준다.

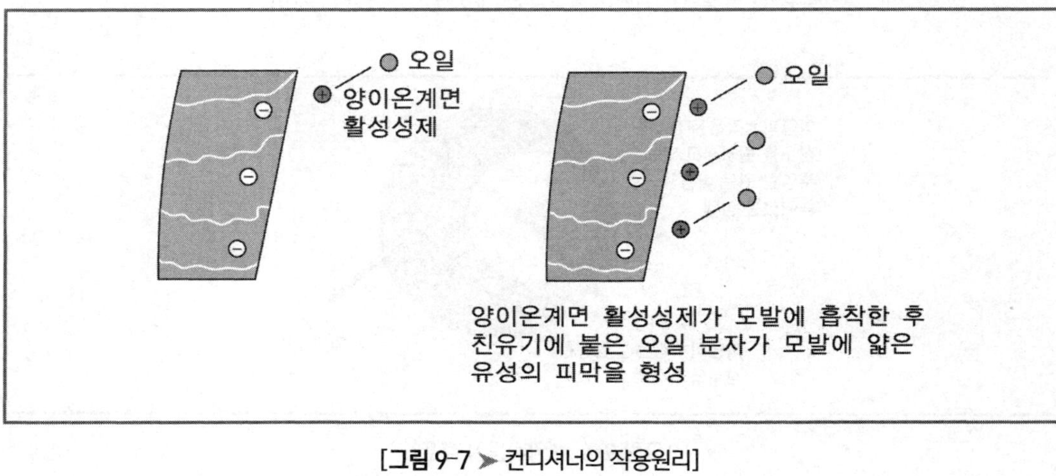

[그림 9-7 ➤ 컨디셔너의 작용원리]

2) 손상모발에 적합한 컨디셔너

① 손상된 모발을 케어하기 위해 강한 컨디셔닝을 기능을 부여한다.
② 정상두피와 건조 모발에는 정전기와 손상을 방지하면 모발에 윤기와 매끄러움을 부여한다.
③ 높은 함량의 고급 왁스와 양이온 계면활성제, 양이온 폴리머가 함유되어 있다.
④ 방향족 유연화제를 이용해 내용물을 제형화시켜 마사지감이 풍부하여 모발에 대한 컨디셔닝 물질의 흡착을 증진시킨다.
⑤ GUM성분 실리콘 오일을 모발에 코팅시켜 모발의 윤기와 차분함을 부여한다.

5 모발에 상태에 맞는 세정제

현재 한국인의 모발은 잦은 화학적 시술로 인해 손상 정도가 커지고 있는 추세이다. 또한 시간이 갈수록 다양한 기법의 퍼머와 염색이 발달되고 있으며, 이로 인해 모발도 손상되는 유형이 다양해지고 있다. 따라서 모발의 상태에 맞는 세정제와 트리트먼트제를 이용해 손상을 줄여야 한다.

1) 염색 모발용 샴푸

① 탈색작용으로 인해 모발이 손상된 상태로 건조한 모발과 유사한 효과를 지닌 세정제를 사용한다.
② 매우 낮은 세정력을 가진 샴푸를 이용해 염색된 색상이 잘 유지될 수 있도록 해준다.
③ 모발 세정 후 염색된 색상이 잘 표현될 수 있는 샴푸, 린스 선택한다.

2) 퍼머 모발용 샴푸

퍼머를 한 모발의 웨이브 형태를 유지하는 것이 중요하므로 웨이브가 처지지 않을 정도의 컨디셔닝 효과를 지닌 세정제를 사용하는 것이 좋다.

3) 건조 모발용 샴푸

① 모피질 내의 단백질, 아미노산 등이 부족하기 때문에 보습제를 함유하여 모발 내부의 수분을 유지시켜주는 역할을 한다.
② 오일이나 실리콘 등의 코팅막을 형성하여 수분손실을 지연시킬 수 있는 기능의 세정제이다.

4) 손상 모발용 샴푸

손상모의 경우 모발 모표피가 계속해서 손상정도가 악화될 수 있는 상태이기 때문에 약산성, 수렴성이 있고 실리콘을 함유하여 모발을 매끄럽게 해주는 샴푸를 사용한다.

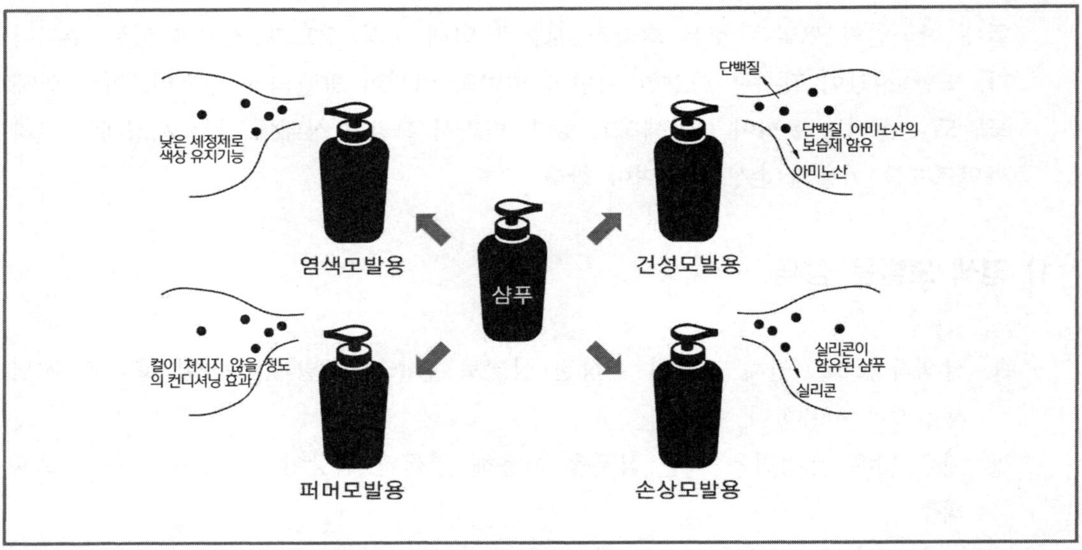

[그림 9-8 ➤ 모발 상태에 적합한 샴푸 유형]

직무능력평가서[2차]

담당교수		교과목명	두피모발관리
학 번		능력단위명 (능력단위코드)	두피모발관리
이 름			(1201010112_16v3)
평가일자			

영역 (능력단위요소)	평가내용(수행준거)	평가구분		판정	
		과정 평가	결과 평가	Y	N
두피·모발관리 준비하기 (1201010112 _16v3.1)	1.1. 두피·모발 상태 진단에 필요한 기기와 도구를 준비할 수 있다.				
	1.2. 문진, 시진, 촉진, 검진을 통해 고객의 두피·모발 상태를 분석할 수 있다.				
	1.3. 두피 유형에 따라 관리방법을 선택할 수 있다.				
	1.4. 모발 상태에 따라 관리방법을 선택할 수 있다.				
	1.5. 차회 방문 시 시술에 반영할 수 있도록 두피·모발 분석카드를 작성할 수 있				
두피관리하기 (1201010112 _16v3.2)	2.1. 두피 유형에 따라 샴푸제를 선정하여 시술할 수 있다.				
	2.2. 두피 유형에 따라 스케일링 제품을 선정하여 시술할 수 있다.				
	2.3. 두피 스케일링 효과를 높이고 두피의 혈액순환을 돕기 위해 두피 메뉴얼 테크닉을 할 수 있다.				
	2.4. 영양공급과 유·수분 균형 조절을 위해 팩과 앰플을 사용할 수 있다.				
	2.5. 두피관리에 필요한 기기와 기구를 선택하여 사용할 수 있다.				

영역 (능력단위요소)	평가내용(수행준거)	평가구분		판정	
		과정 평가	결과 평가	Y	N
모발관리하기 (1201010112 _16v3.3)	3.1. 모발 상태와 관리방법에 따라 샴푸제를 선정하여 시술할 수 있다.				
	3.2. 모발 상태와 관리방법에 따라 관리제품을 도포한 후 핸들링할 수 있다.				
	3.3. 영양공급과 유·수분 균형 조절을 위해 팩과 앰플을 사용할 수 있다.				
	3.4. 모발관리에 필요한 기기와 기구를 선택하여 사용할 수 있다.				
두피·모발관리 마무리하기 (1201010112 _16v3.4)	4.1. 두피·모발 진단기를 사용하여 시술 전·후의 변화를 비교하여 고객에게 설명할 수 있다.				
	4.2. 두피·모발 상태에 따라 관리에 적합한 제품을 사용하여 마무리할 수 있다.				
	4.3. 관리 종료 후 헤어스타일을 연출하여 마무리할 수 있다.				
	4.4. 건강한 두피·모발상태 유지를 위한 관리법을 고객에게 설명할 수 있다.				
소계				점	

영역 (능력단위요소)		평가내용(K/S/A/T 포함 자율평가)	평가점수
두피·모발 관리 (1201010112 _16v3)	**두피·모발 관리 준비하기** (1201010112 _16v3.1)	**(지식)** 두피·모발 상태 분석을 위한 기초 지식 두피·모발 생리에 관한 지식 두피·모발 유형별 관리 지식 두피·모발 진단기기에 대한 지식	
		(기술) 고객 상담 기술 두피·모발 분석카드 작성 기술 두피·모발 상태 분석 기술 두피·모발 유형별 시술 기술 두피·모발 진단기 사용 기술	
		(태도) 고객에게 신뢰감을 주는 태도 기기사용 및 진단분석 전문가로서의 책임감과 자부심 사용기기를 청결하게 관리하는 자세	
합 계		%	점

CHAPTER

10 [14주 두피 모발 관리 마무리]

헤어, 두피케어를 위한 샴푸 테크닉

헤어브러싱(Hair Brushing)

1 브러싱의 목적

① 샴푸 시술에 앞서 첫 단계로서 모발과 두피 상태를 파악할 수 있다.

② 고객의 상태를 편안하고 안정되게 유지시켜주는 하나의 준비과정이다.

③ 샴푸 전의 브러싱은 엉킨 모발을 정리하고 샴푸시술을 용이하게 한다(단, 지성, 민감성 두피는 피지분비가 왕성하고, 예민해지기 쉽기 때문에 자주하는 것은 좋지 않다).

2 브러싱의 방법

① 두피를 나일론 브러시나 쿠션 브러시를 사용하여 라운(모류 반대 반향) 두피 전체를 브러싱한다.

② 골덴 포인트(백회)를 향해 브러싱한다.

헤어 샴푸

1 샴푸 시 주의 사항

① 시술자는 팔지, 반지, 긴 목걸이 등이 액세서리의 착용을 삼가하고 고객의 모발과 얼굴 등에 피해를 주지 않도록 한다.
② 시술자의 손톱은 길지 않아야 한다.
③ 고객의 샴푸 받는 자세가 불편하지 않도록 배려한다.
④ 샴푸 전 물의 온도가 적당한지 고객에게 질문하여 물의 온도를 맞춘다.
⑤ 고객의 얼굴에 튀지 않도록 작은 면수건을 대준다.
⑥ 시술자는 불쾌한 냄새(입냄새, 땀냄새, 음식물냄새)가 나지 않도록 청결해야 한다.

2 샴푸 시술 절차

1) 무엇을 할 것인지 체크한다.

① 타월이나 샴푸 어깨보 등을 준비한다.
② 각 두피의 모발에 맞는 샴푸제를 준비한다.
③ 어떻게 샴푸할 것인지 알려서 고객의 마음을 안정시킨다.

2) 샴푸 시 사용하는 용어

① 고객님 샴푸실로 안내 해드리겠습니다(손과 함께 행동한다).
② 샴푸의자에 편하게 앉아 계십시오.
③ 목은 불편하지 않으십니까?
④ 샴푸해 드리겠습니다.
⑤ 물 온도는 괜찮습니까?
⑥ 목은 불편하지 않습니까?
⑦ 수고 하셨습니다. 자리 안내 해드리겠습니다(손으로 안내).

3) 샴푸 시 사용되는 마사지 방법

① **경찰법** : 손가락, 손바닥을 이용 가볍게 문지르는 방법
② **강찰법** : 강하게 문지르는 방법
③ **진동법** : 진동을 이용 강하게 흔들어 주기
④ **유연법** : 주무르고 누르는 방법
⑤ **고타법** : 손을 계란모양으로 하여 두들기기

3 샴푸 테크닉(좌식 샴푸)

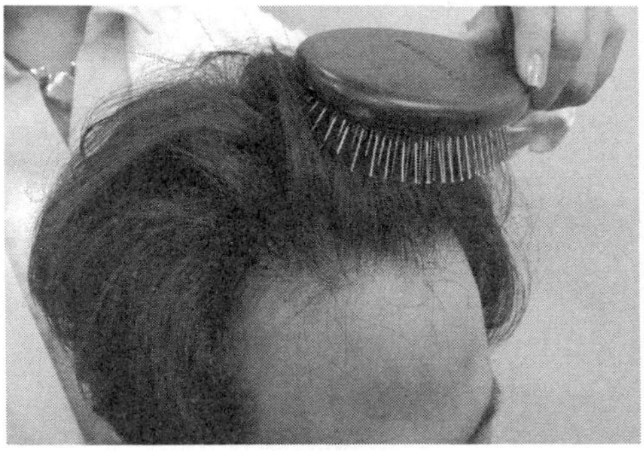

1. 모발 전체를 브러싱한다.

2. 모발과 두피에 물을 적신다(흘러내리지 않도록 주의).

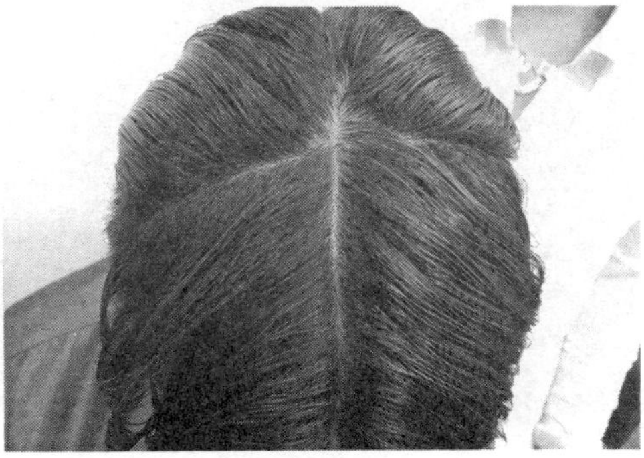

3. 두상을 4등분으로 블로킹한다.

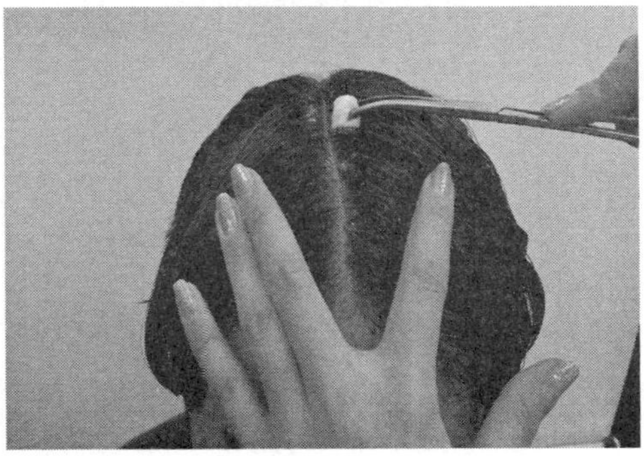

4. 섹션을 나누어 두피에 도포한다.

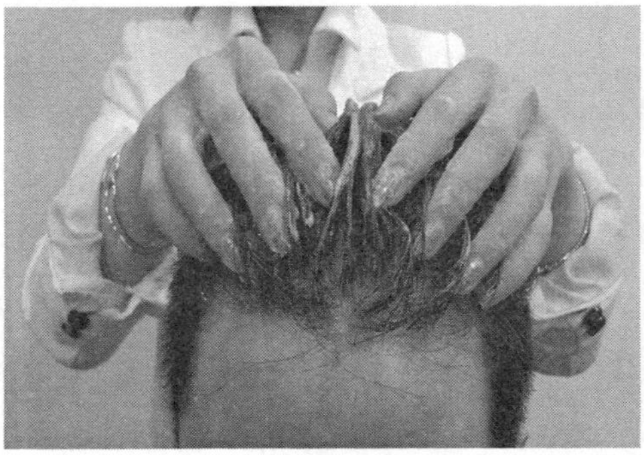

5. 분무기로 물을 재도포 후 거품을 충분히 일으킨다.

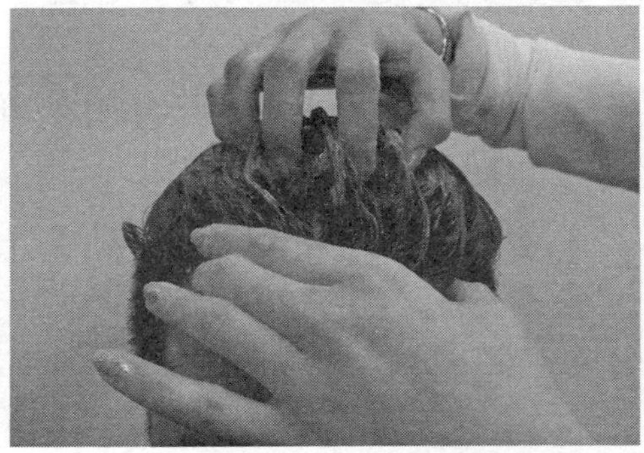

6. 모발을 정리한 다음, 왼손으로 페이스 라인을 지탱한 후 오른손으로 지그재그 방향으로 샴푸한다.

7. 양 사이드 역시 지그재그 방향으로 사선으로 올리면서 샴푸한다.

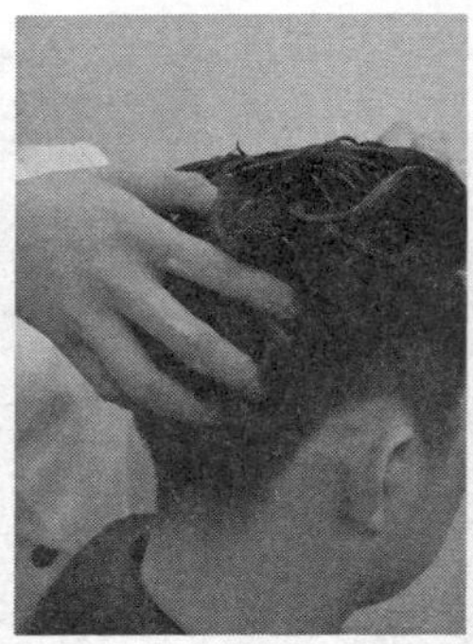

8. 백 부분과 네이프 부분은 귀 뒤에서 지그재그 방향으로 이동하며 샴푸한다.

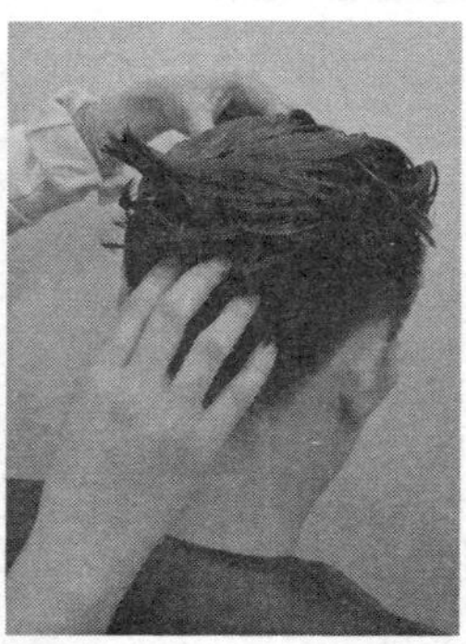

9. 탑 부분은 양손을 교차 시켜 백 부분까지 이동하면서 두상 전체를 샴푸한다.

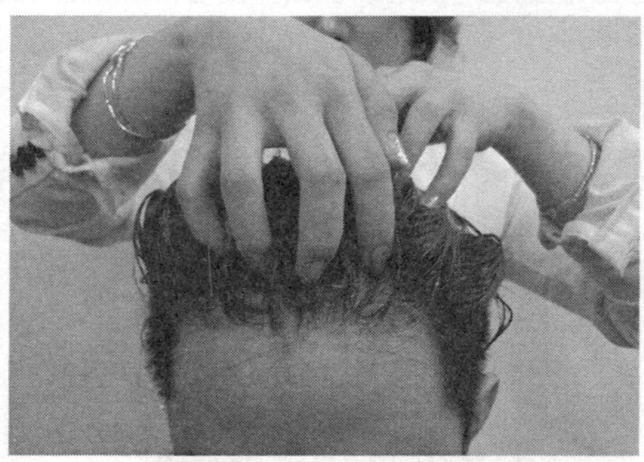

10. 페이스 라인을 따라 원을 그리면서 혈점을 마사지한다.

9. 탑 부분은 양손을 교차시켜 백 부분까지 이동하면서 두상 전체를 샴푸한다.

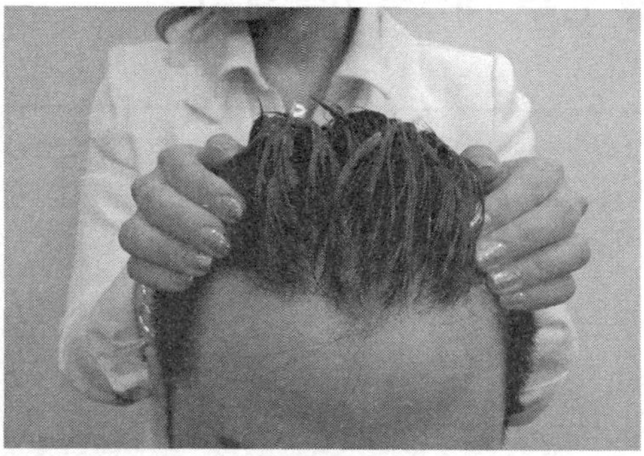

10. 페이스 라인을 따라 원을 그리면서 혈점을 마사지한다.

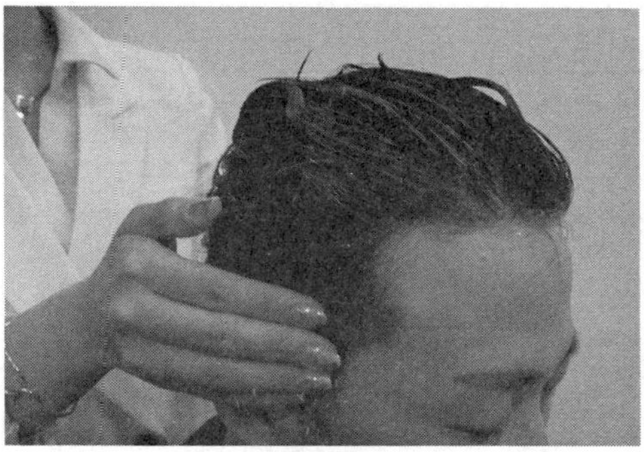

11. 양손가락을 이용 탑, 사이드 부분을 마사지한다.

12. 네이프에서 백으로 원을 그리듯이 올라오면서 마사지한다.

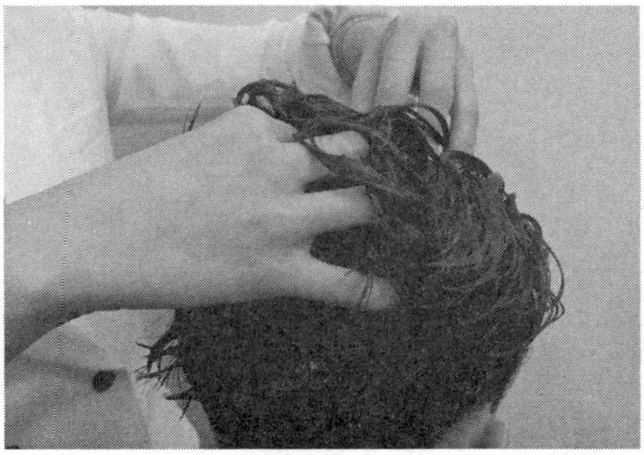

13. 두상 전체를 가볍게 두드려 주면서 튕겨준다.

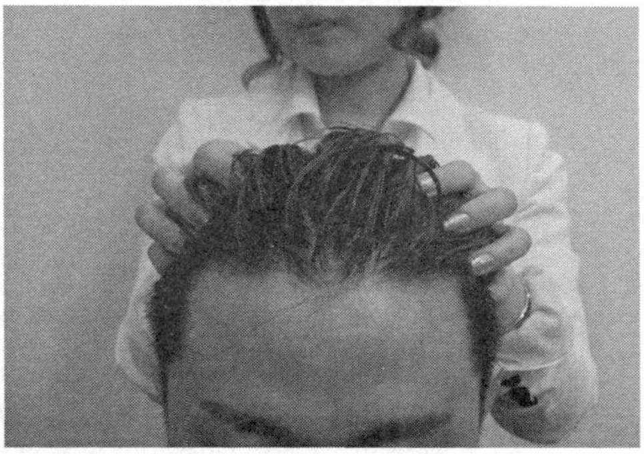

14.모발 정리 후 헹군다.

④ 샴푸 테크닉(와식 샴푸)

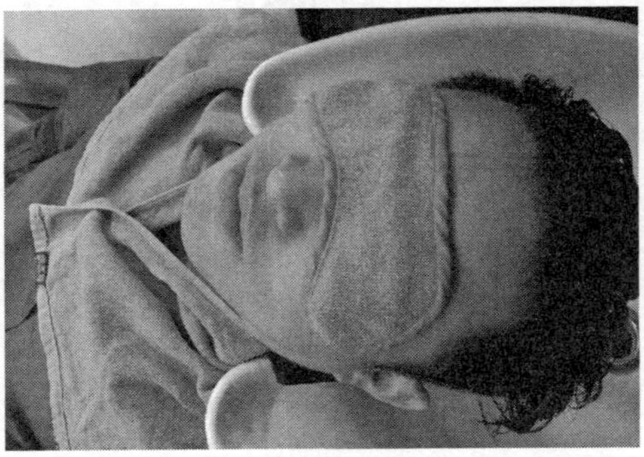

1. 샴푸준비를 한다.

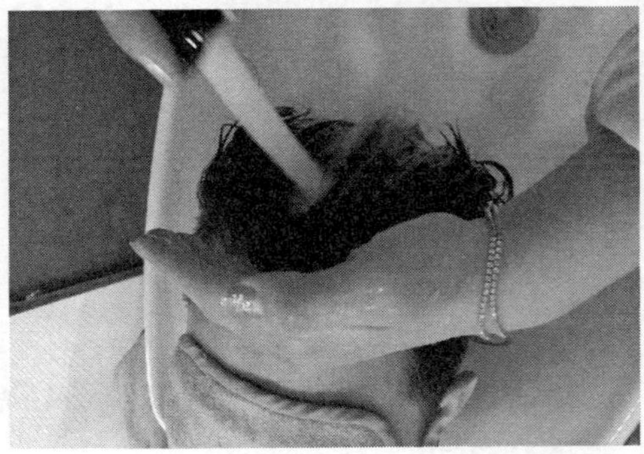

2. 모발과 두피에 물을 적신 후 적당량의 샴푸제를 손에 덜어 도포한다.

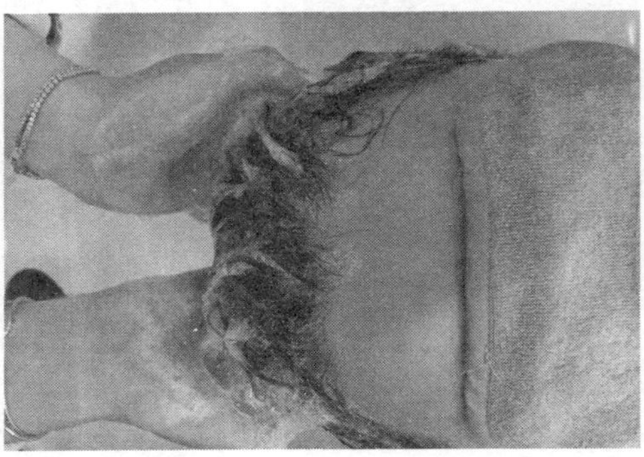

3. 거품을 충분히 내면서 사전 마사지한다.

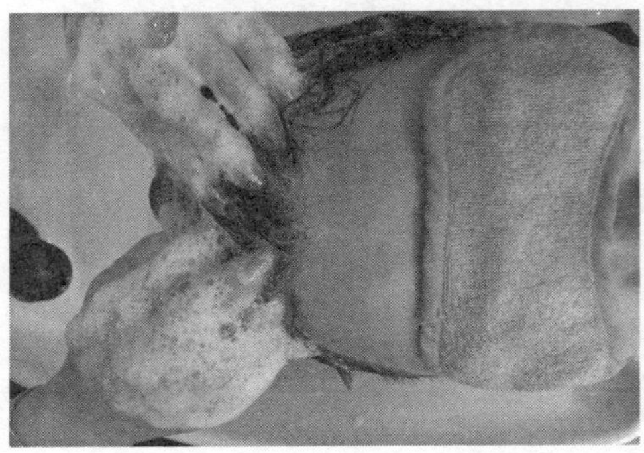

4. 페이스 라인을 따라 가볍게 샴푸한다.

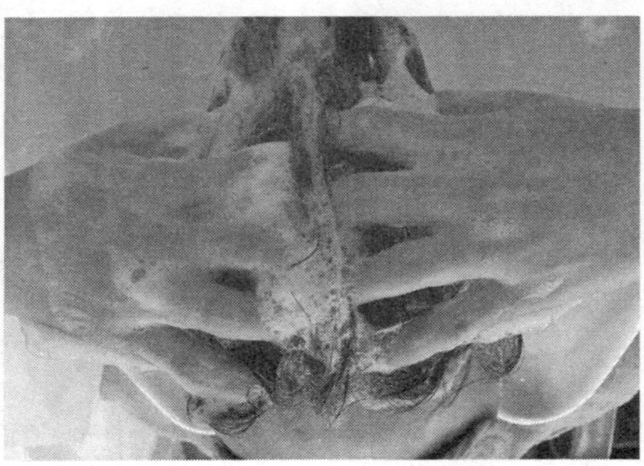

5. 탑부분에서 백회부분까지 깍지껴서 샴푸한다.

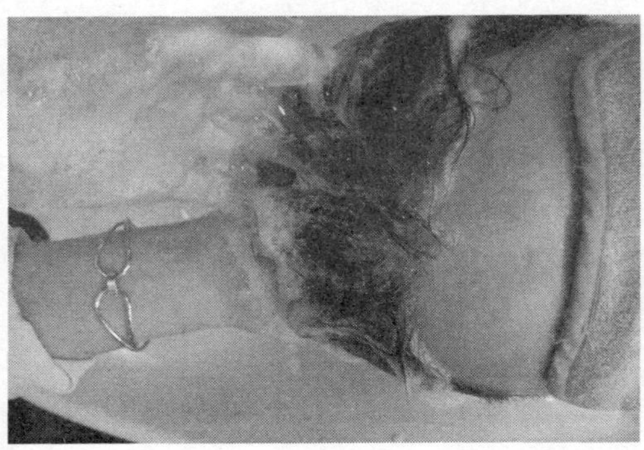

6. 손바닥 지면을 이용하여 세로로 샴푸한다.

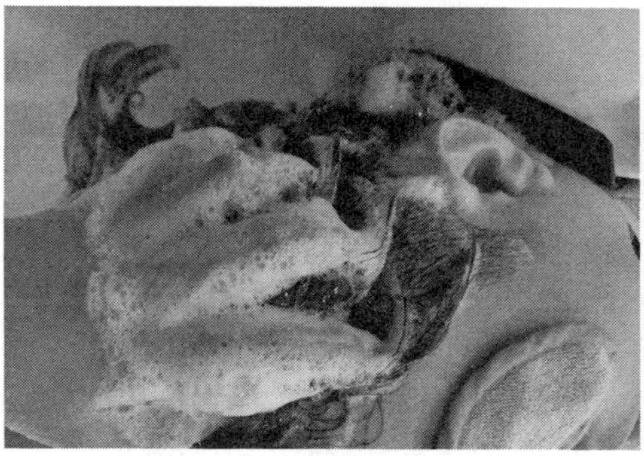	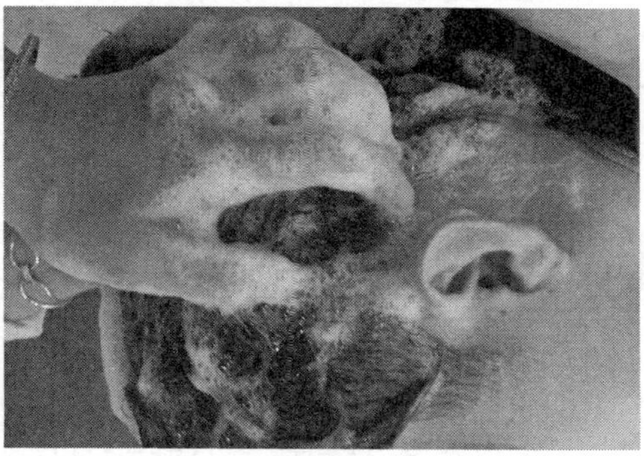
7. 한손은 옆에 지탱하고 한손으로 사이드부분을 지그재그로 샴푸한다.	8. 백 부분과 네이프는 지그재그 방법으로 위로 쓸어 올리면서 샴푸한다.

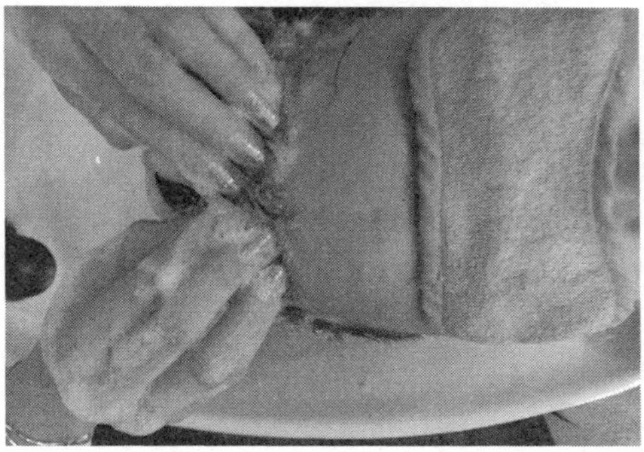	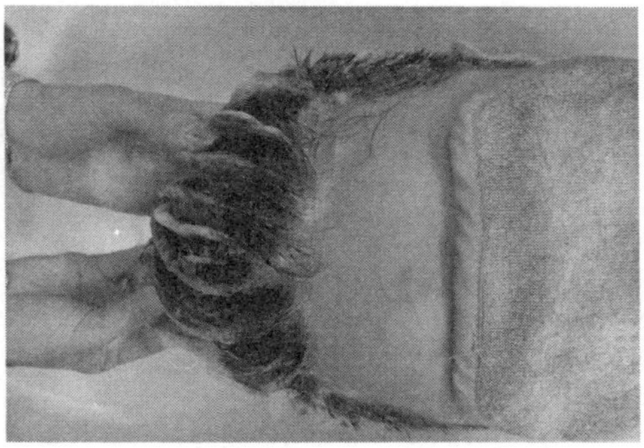
9. 모발을 정리한 후 다시 전체적으로 반복한 후 페이스 라인을 따라 전체적으로 마사지해준다.	10. 손가락으로 두상을 튕겨준다.

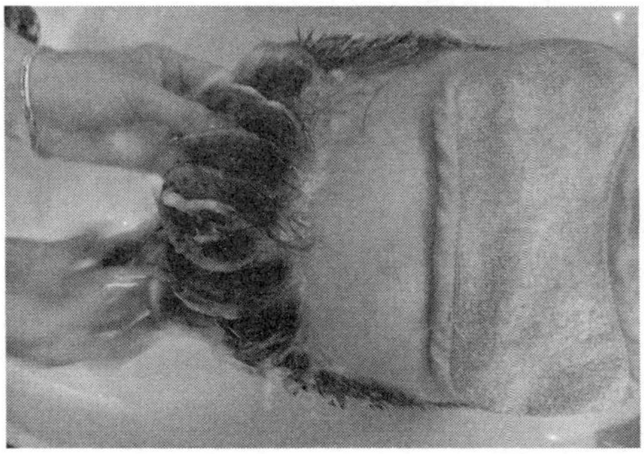

11. 모발 정리 후 헹군다.

린스

1 린스(rinse)의 정의

린스라는 말의 본래의 의미는 '씻다', '행구다'라는 의미이지만 보통은 샴푸한 다음 모발 표면을 보호하고 모발을 부드럽고 촉촉하게 정돈하는 것을 의미한다.

2 린스의 기원

린스의 기원은 옛 중앙 아프리카나 아랍인들이 더위로 모발이 건조해지고 부서지자 이를 보호하기 위해 버터를 발라 모발을 보호한 것으로부터 시작되었다.

3 린스의 성분과 종류

1) 린스의 성분

① **산성린스** : 레몬, 구연산 레몬린스
② **부착린스** : 오일분의 부착, 오일린스
③ **흡착린스** : 모발보호제, 헤어린스

2) 린스제의 분류

(1) 형상별 분류

① **유액상 린스** : 사용하는 물 중에는 칼슘, 마그네슘 등에 의해 생성된 부사(Scum) 하기 위해 사용한다.
② **크림상 린스** : 가장 오래된 린스이다. 모발에 발생하는 (−)전기 때문에 모발이 서로 엉키는 것을 방지하기 위해 사용한다.

③ **오일 린스** : 활성제가 발달하기 이전에 샴푸 후 모발에 우분을 보급할 목적으로 사용한다.

(2) 기능별 린스

① **인스턴스 린스** : 사용방법에 있어 크림 린스와 비슷, 큐티클 피막을 코팅해 모발의 양을 풍성하게 한다(크림린스 : 정전기 제거, 큐티클 손상보호).
② **리브온(Leave-on)** : 먼저 모발에 바른 다음 수건이나 열 발생장치 모자(Heating cap)를 쓰고 30분 후 감으며, 손상모에 좋다.
③ **바디 빌더 린스** : 모발을 풍성하게 함. 가늘고 숱이 적은 사람에게 적합하다.
④ **손상모용 린스** : 손상된 큐티클의 갈라진 틈새를 복원시켜준다.
⑤ **허벌린스** : 약초나 아로마 성분을 주성분으로 한 린스(우리나라 창포, 약초로 사용)
⑥ **특수 린스** : 색고정 린스, 칼라린스

(3) 사용 방법별 분류

① **헹궈내는 타입(Rinae Type)** : 대부분의 린스는 모발에 부착한 후 수분 이내에 헹궈내는 타입이다.
② **발라두는 타입(Leave-On-Type)** : 손상모, 비듬, 탈모 등의 예방을 위한 특수목적을 지닌 린스제로 도포 후 씻어내지 않는다.
③ **용도별 린스** : 보통 모발 또는 경모, 연모용, 건성모발 또는 지성 모발용, 건강모발 또는 손상모용, 염색모발 또는 퍼머넌트 웨이브용이 있다.

4 린스제의 종류

1) 산성 린스제(Acid Rinse)

퍼머넌트 웨이브 시술 후 모발 잔류 알카리 성분을 중화시켜주며 산성 린스제는 성분에 따라 레몬린스, 구연산린스, 비니거린스 등이 있다. 단, 표백 작용이 있어 장시간 사용을 피한다.

2) 컨디셔닝 린스제

모발의 유분과 수분을 보충하여 헤어 컨디셔너 효과를 얻기 위한 린스제이다.

3) 비듬제거 린스제

린스제에 비듬제거 효과가 있는 과제를 배합한 것으로 각질용 해제, 피지분비를 억제하는 비타민류, 살균제, 습윤제 등이 주로 배합된다.

앰플

두피 관리 시술의 마지막 단계로 두피 내에 도포하여 영양흡수를 통해 두피에 활력을 주며 문제성 두피 예방 및 관리 목적으로 사용된다.

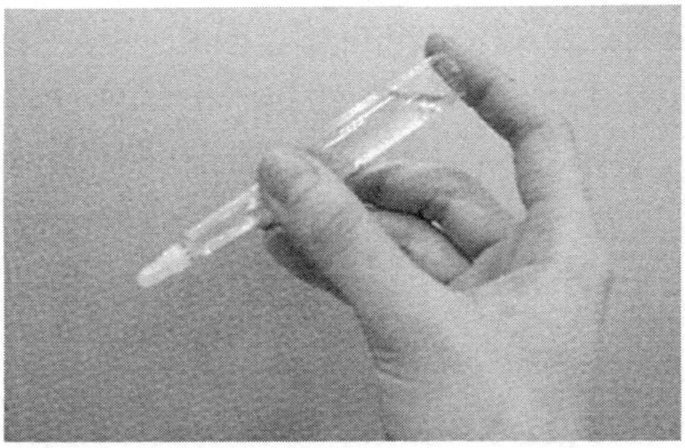

[그림 10-1 ➤ 앰플 잡는 법]

❶ 지성두피용 앰플

피지조절 및 지성 두피 완화 작용으로 사용된다.

❷ 비듬두피용 앰플

비듬균 조절 및 각화주기 정상화 목적으로 사용된다.

❸ 탈모두피용 앰플

모근강화, 영양 공급, 모발 성장을 목적으로 사용된다.
혈액 순환을 목적으로 사용된다.

❹ 사용 시 주의사항

① 유리병인 경우 개봉 시 손이 다치지 않도록 주의한다.
② 개봉시 유리조각이 병 안으로 들어가지 않도록 주의한다.
③ 두피 이외에 피부에 닿지 않도록 주의한다.

화장품 성분

1 화장품 성분

1) 글리세린

물과 결합하는 성질 때문에 공기로부터 수분을 잡아당겨 흡수하는 휴멕턴트 성분 글리세린은 피부가 수분을 유지하도록 도와준다.

2) 글리코스 아미노글리칸

수분 공급을 증가시키고 이로 인한 피부의 탄력과 유연성 증가능력으로 화장품에 사용되며 보습, 탄력 성질이 있다.

3) 대나무 추출물

수분과 결합하는 능력이 있는 습윤제이다.

4) 디메티콘

실리콘 오일의 일종으로 제품에 윤활제로써 부드러운 느낌을 남기도록 한다.

5) 디옥시벤존

자외선 차단 성분으로 3% 이하로 사용된다.

6) 라놀린

보습성질이 있는 연화제이자 높은 수분 흡수력을 가진 유화제이다.

7) 레티노산

바이타민 A 유도체. 콜라겐 합성을 바꾸고 섬유아세포와 세포밖 세포질의 성장을 촉진한다.

8) 레티놀

피부에 광택을 주며 주름과 잔주름 등 만성적 노화뿐 아니라 여드름, 여포성 뾰루지, 손상성 뾰루지, 지성피부 등에 사용되며, 정상적인 각질세포 성장과 분화, 콜라겐 합성의 조절에 사용한다.

9) 메칠파라벤

방부제의 일종으로 자극적이고 독성이 적다.

10) 뮤코 다당

동물 점질물의 성분으로 아미노당을 함유하는 다당이다. 수분 결합능력을 높이며 표피의 수분 손실을 줄이고 수분흡수 촉진한다.

11) 밀납

항염, 항알러지, 항산화, 항박테리아, 살균, 피부유연, 탄력증가 등의 성질을 가지고 있다.

12) 벤조페논-2

자외선 흡수제이다.

13) 부틸파라벤

항 곰팡이 방부제이다.

14) 비타민 A

각질층을 조정하여 피부의 질감과 탄력, 부드러움을 개선비타민 A는 피부 세포의 재생과 기능에 필수적이다.

15) 비타민 B

유용성 항산화제로서 산화를 막아주는 성질 때문에 방부제 사용, 피지샘 활동저하, 색소 침착을 줄여준다.

16) 살리실산

각질층의 최상층을 녹여 피부표면을 매끄럽게 다듬으며 피지샘이 막히는 것을 줄여준다.

17) 실리콘

피부로부터 수분이 증발하는 것을 막아주는 보호력을 증가시키기 위해 사용된다.

18) 알긴산

농축제, 안정제, 젤 작용한다.

19) 알란토인

치유, 진정효과를 주는 식물 성분이고, 민감성 및 여드름 피부에 사용한다.

20) 토코페롤

식용 식물성 오일로부터 진공추출로 얻어지는 항산화제이다.

21) 파라벤

방부제의 일종, 박테리아와 곰팡이류에 작용이다.

22) 판테놀

세포 재생 촉진을 한다.

23) 프로필 파라벤

방부제와 박테리아, 곰팡이 제거제로 사용한다.

24) 히아루론산

수분을 흡수하는 능력과 큰 분자구조로 인하여 표피를 부드럽게 해주고 적절한 유연성 및 긴장감을 유지시켜준다.

CHAPTER

11 [14주 두피 모발 관리 마무리]

두피 모발 기기

학습목표

① 기기의 올바른 사용 목적 및 효과를 이해함으로써 관리효과의 상승작용을 높일 수 있다.
② 효과적인 기기 사용을 통한 전문적인 이미지와 고객의 만족도를 높일 수 있다.
③ 기기의 정확한 효과 및 작용 원리를 이해함으로써 관리시 활용도를 높인다.

기기사용의 목적

관리용 기기	진단용 기기
제품의 효과적인 경피 흡수	체계적이고 과학적인 제품의 사용
제품에 의한 두피 트러블 예방	정확한 분석
기기의 기능을 이용한 두피 문제점 해결 및 탈모 예방 효과	임상 데이터 활용 및 고객과의 신뢰구축

두피 관리용 기기분류

두피용 관리기기는 진단용 기기와 관리용 기기로 분류된다.

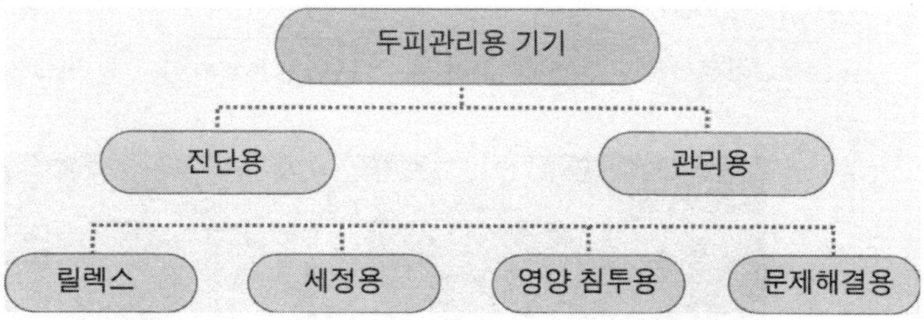

❶ 진단 기기

① 진단기 검사 시 고객의 세정 시간대 체크
② 스파츌라를 이용한 육안 검사 및 각질량 체크
③ 사용 전 진단기 렌즈 부위 살균, 소독
④ 고객과 일정한 거리 유지
⑤ 렌즈와 두피의 정확한 거리조정
⑥ 문제부위－전두부－두정부－후두부－측두부
⑦ 측정부위의 화면위치(화면 중앙부분)
⑧ 정상 부위와의 비교분석 및 두피 검사 후 자료보관

❷ 관리용 기기

관리용 기기로는 크게 릴렉스 기기와 세정용 기기, 영양 침투기기, 문제해결 기기로 나뉜다.

- 관리용 기기
  - 릴렉스: 두피 마사지기, 저주파기, 두상전체
  - 세정: 스티머, 두피세정기
  - 영양침투: 진균류, 이온 투입기
  - 문제해결: 고주파, 광선기, 미용레이저

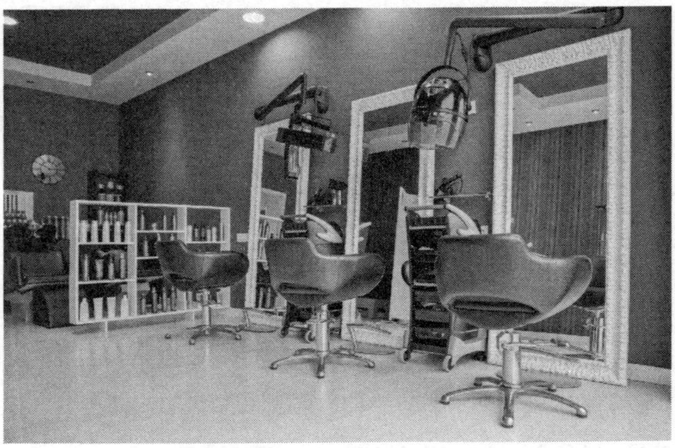

1) 릴렉스 기기

두피관리 전 긴장된 근육을 풀어주기 위해 사용하는 기구로 저주파가 있다.

(1) 저주파

① **원리** : 10kHz 이하의 교류를 이용한 관리용 기기를 말한다.

② **효과** : 근육의 통증 및 신경조직을 자극하여 진정시켜주며 혈액순환을 촉진시켜 피지 및 땀의 분비를 조절, 두피정상화와 면역력을 증가시킬 수 있다.

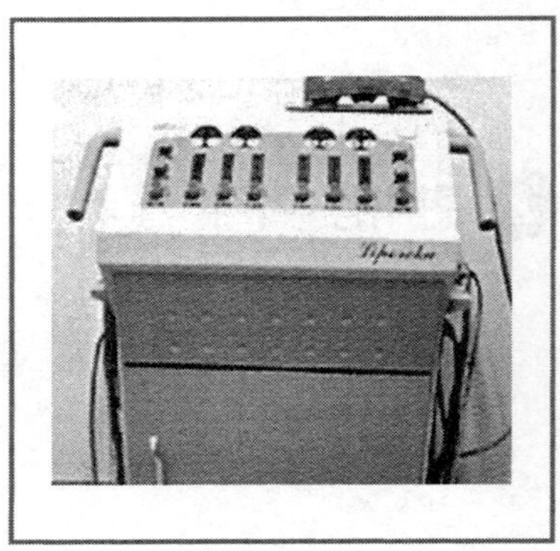

[그림 11-1 ➤ 저주파]

주의사항

다음과 같은 건강상태에 있는 사람들은 이 기구의 사용 전 전문의와 상의해야 한다.

- 급성병
- 악성 종양
- 전염병
- 임신
- 심장 기능 장애
- 고열
- 비정상적 혈압
- 피부감각 이상 혹은 피부병
- 의료감각 고통, 특히 감각 고통과 같은 증상 치료 중 사고나 병을 유발할 수 있다.

2) 세정기기

두피의 피지산화물, 각질, 노폐물을 제거하기 위해 사용되는 기구로 스티머와 워터 펀치가 있다.

(1) 스티머

① **원리** : 수분공급을 통한 케라틴 단백질의 연화작용을 도와준다.

② **효과** : 두피스케일링 시 스케일링제품의 연화작용과 부작용을 통한 모공 확장과 혈액순화촉진을 위해 사용된다.

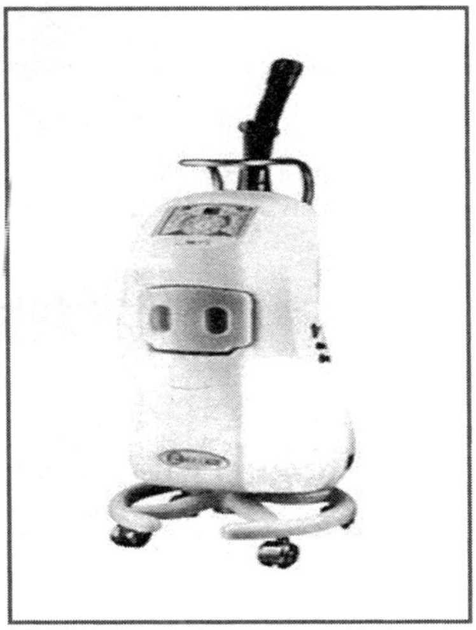

[그림 11-2 ➤ 스티머]

주의사항

- 고객의 두피상태에 따른 수분입자 선택
- 두피 상태에 따른 관리시간 및 온도 조절(예민성 : 7~8M, 38. 비듬성 : 15M, 45. 건성 : 100M, 40)
- 스티머기 속 노폐물 제거 후 관리
- 수증기에 대한 얼굴부위 보호
- 모발용 : 미세입자 스팀기, 두피용 : 굵은 입자스팀기

(2) 두피세정기(워터펀치)

① **원리** : 수압 및 수류, 진동을 이용한 두피 세정작용을 말한다.

② **효과** : 수압 및 수류를 이용하여 모공 주변에 피지, 노화각질, 이물질을 제거하며 진동을 통한 두피마사지는 혈액순환을 촉진시키고 영양분의 모공 내 흡수율을 높이기 위해 사용한다.

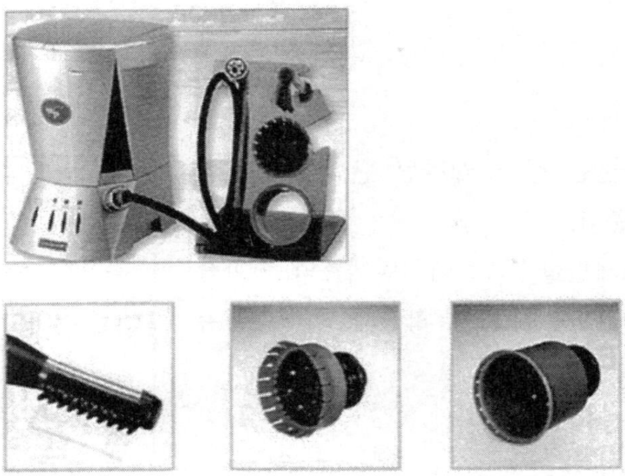

빗형노즐 [머리가 긴 분]용 / 브러시형 노즐+쇼트후드 [머리가 짧은 분]용 / 브러시형 노즐+뽕후드 [머리가 짧고 양이 적은 분]용

[그림 11-3 ➤ 두피세정기(워터펀치)]

주의사항

- 연수 사용
- 두피상태를 고려한 수압 및 사용량의 선택(예민성 : 약 / 지성, 건성 : 중 / 과다 각질 : 강=사용량 : 8,000cc)
- 두피 위주의 관리
- 적합한 사용 온도 선택 : 평균 38℃ 정도
- 두피상태에 따른 관리 시간
- 모발 길이를 고려한 관리방법

3) 영양침투 기기

제품의 피부흡수를 도와주며 두피 활성화를 위해 사용하는 기기로 적외선과 JET PEEL이 있다.

(1) 적외선

① **원리** : 태양광선 중 적외선의 온열작용과 빛[적색]의 세포자극 작용을 한다.

② **효과** : 적외선 빛을 이용 두피 내에 영양침투 및 피부흡수를 도와주며 이로 인한 혈액 순환 개선과 근육이완 작용을 통해 두피 내 독소 및 노폐물의 체외배출에 도움을 준다.

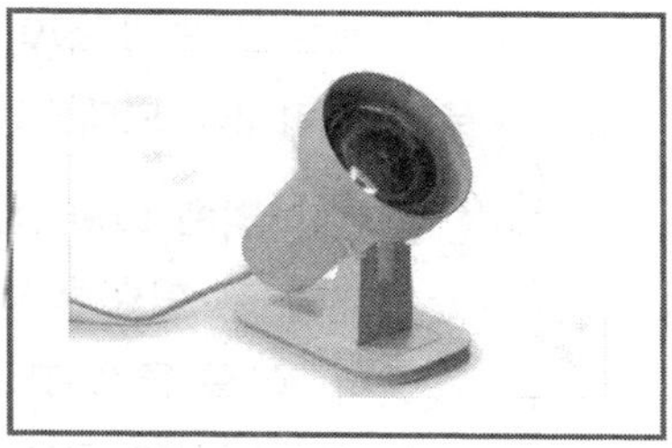

[그림 11-3 ➤ 적외선]

주의사항

- 사용강도 : 7~8레벨
- 조사 거리 : 두피로부터 일정거리 유지 30cm
- 조사 시간 : 약 10M(3M 정도씩 부분 조사)
- 두피 물기 제거 후 조사 : 빛 반사 방지
- 영양제품 도포 전 조사

(2) JET PEEL

JET PEEL은 피부 및 두피의 미용적 재생을 위해 물과 산소만을 이용하는 기구를 말한다.

[그림 11-4 ➤ JET PEEL]

JET · FEEL의 효과

JET PEEL은 멸균 식염수와 산소의 고압 분사 장치를 통해 초입자 물방울로 분사 두피에 피지나 노폐물을 제거하는 기기이다.

1. **치료 부위에 따라 조절하는 필링**
   신체에 꼭 필요한 순수한 산소와 물을 이용해 원하는 깊이 만큼 필링 효과를 준다. 이를 통해 표피를 재생시키고 진피의 콜라겐과 엘라스틴을 재형성시켜 피부에 탄력을 회복시킨다.

2. **다량의 산소 공급**
   풍부한 산소는 뛰어난 미백 효과와 피부의 신진대사를 활성화 시킨다.

3. **두피의 신진대사 활성**
   각질을 제거하므로 피지의 변성을 막고 머리카락이 잘 자라도록 도와주며 산소 공급으로 순환 효과를 극대화 시킨다.

4. **크고 기름진 모공 각질 제거**

5. **노화 두피 개선 및 예방**

4) 문제 해결 기기

기기의 영양 침투 능력+보조적 기능 활용=문제해결을 하는 기기를 말하며 고주파, 메조건, 헤어레이저가 있다.

(1) 고주파

① **원리** : 10kHz 이상이 교류 전류를 이용한 관리용 기기이다.

② **효과** : 두피관리시 살균 및 소독을 통해 문제성 두피의 변화를 예방하며 피부 진정효과와 두피 조직에 강화작용을 통해 영양흡수를 촉진시켜 주는 효과가 있다.

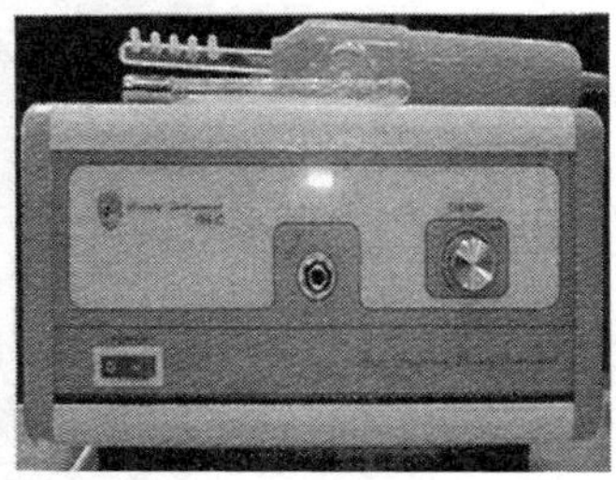

[그림 11-5 ➤ 고주파]

주의사항

- 관리 시간 : 5M 이내
- 사용 강도 : 약 5~6레벨
- 사용목적에 따른 유리봉 선택
- 사용목적에 따른 일정시간 유지 후 관리
- 휘발성 제품 도포 시 일정시간 유지 후 관리
- 등 관리 활용 시 고객의 약물 복용 여부 파악 후 관리
- 유리봉 사용 후 자외선 소독
- 유리봉 교체 시 전원 off한 다음 교체
- 정기적인 청소(유리봉 끝 금속부위)

(2) 메조(메조 테라피)

메조 건을 이용해 두피 내에 영양 침투를 시켜 탈모에 효과적인 관리를 하기 위한 기기이다.

① **ZINC & COPPER** : 5-alpha reductase억제하며 염증을 완화하여 탈모와 여드름에 효과적으로 사용된다.

② **PLACENTA EXTRACT(태반 추출물)** : LONG TELOGEN에서 ANAGEN으로 전화 시켜주며 아미노산, 비타민, 각종 활성 펩타이드, 미네랄, 효소, 핵산, 성장인자(EGF, FGF) 등이 모발형성에 도움을 준다.

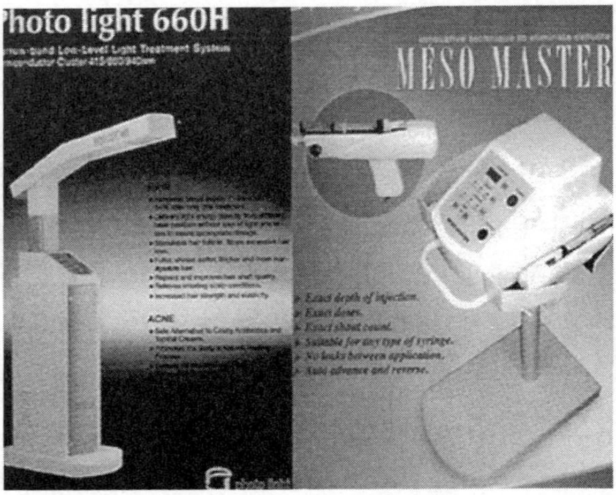

[그림 11-6 ➤ 메조(메조 테라피)]

(3) 헤어 레이저

① 레이저 광(650 & 830nm) 두피에 조사하여 모발 재생 사이클을 회복시켜주는 기기이다.

② 모낭에 혈행 개선을 촉진(혈액 순환 활성화유도)시킨다.

③ 두피질환(비듬, 건성, 지루성피부염, 모낭염 등)을 치료한다.

CHAPTER

12 [14주 두피 모발 관리 마무리, 15주 직무수행능력 3차]

아로마 테라피와 모발

학습목표

아로마 테라피는 대체의학의 한 종류로 아로마 에센셜 오일 작용원리를 두피 타입에 맞게 적용함으로써 두피 관리의 효과를 증대시킬 수 있다.

아로마테라피의 정의

아로마테라피란 방향요법 또는 향기요법이라고도 하며, 향을 의미하는 아로마(Aroma)와 치료를 의미하는 테라피(Therapy)를 결합하여 만들어낸 자연요법이다. 어원상으로 보면 그리스어로 아로마는 향기나는 식물, 향초를 의미한다.

오늘날에 에센셜오일, 정유 또는 향유를 이용한 관리를 아로마테라피로 국한한다.

아로마는 식물에 존재하는 휘발성의 향기 물질이 두뇌와 신체 특정 기관을 자극하여 몸과 마음의 건강을 유지시켜 주는 특성이 있다.

① **에센셜오일 추출** : 식물의 뿌리, 줄기, 잎, 열매, 꽃

② **에센셜오일 목적** : 마음, 영혼, 신체 등에 효과를 주는 자연요법이며, 신체의 질병을 치유하는 목적을 갖고 사용되는 대체의학의 한 부분으로 스파, 마사지, 스킨케어에 적용되어 발전해 왔다.

아로마 오일의 작용원리

에센셜오일은 가볍고 휘발성이 커서 피부를 통하거나 호흡기를 거쳐 폐를 통해 체내로 흡수되는데, 흡수된 향은 대뇌로 전달되어 기억, 감정 등을 관장하는 대뇌 신경계에 정보가 전해진다. 향분자들은 혈관으로 들어가 온몸으로 퍼져 비정상적인 세포를 정상화시켜 최종적으로 체외로 배설되는 과정을 거치게 된다.

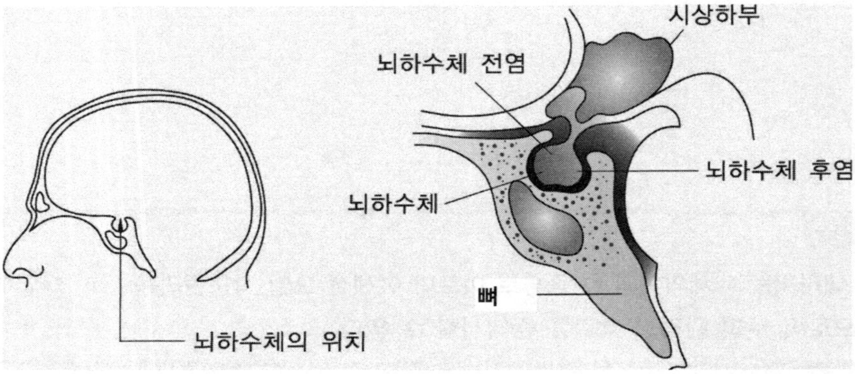

[그림 12-1 ➤ 아로마 오일의 작용원리]

아로마 오일의 종류

1 에센셜 오일

① 향이 있는 식물의 꽃, 줄기, 잎, 뿌리열매 등에서 추출한 오일

② 물에 녹지 않고 알코올에 녹으며 휘발성이 강하다.

③ 식물의 호르몬 성분으로 약효 성분

㉠ 두피의 혈액순환을 촉진시켜줌

㉡ 세포의 기능을 활발, 모근에 영양 공급 노폐물 배출

㉢ 모발의 성장을 도우며 윤기 있고 건강한 모발유지

㉣ 고농축된 물질이므로 소량 사용으로도 그 작용이 강하므로 원액을 그대로 다량 사용하지는 않는다.

2 캐리어 오일

캐리어 오일은 에센셜 오일을 피부에 효과적으로 흡수시키기 위한 베이스오일로 100% 식물성 오일의 피부 흡수력이 뛰어난 성질을 이용하여 아로마 에센셜 오일이 신체내로 단기간 안에 흡수 되도록(이동을 돕는 – 유도체역할) 도와주는 오일을 말한다.

3 에센셜 오일의 발향속도에 따른 분류

1) 상향

처음 발산되는 향으로 빠르게 퍼지는 성질로 인해 바로 나타나는 상쾌하고 가벼운 향으로 브랜딩한 향 중에서 최초로 느끼게 되는 향이다. 감귤, 민트 계열의 오일로 오렌지, 레몬, 페파민트타임, 로즈마리, 유카리, 바질 등이 포함된다.

2) 중향

중간 정도의 속도로 향이 뜬다는 의미로 브랜드의 향 중에 중추적 역할을 한다.
꽃, 허브 계열의 오일로 라벤더, 마조람, 로즈, 제라늄, 네롤리 등이 포함된다.

3) 하향

서서히 나타나고 긴 시간 향이 지속된다. 그리고 휘발 보류제 역할을 하여 비교적 가벼운 오일들이 빨리 확산되는 것을 막는다.
웃디, 스파이스계 오일로 샌달우드, 프랑킨센스, 쟈스민, 벤조인 등이 포함된다.

아로마 에센셜 오일의 사용 방법

아로마 에센셜 오일의 사용방법에는 흡입법과 마사지, 목욕법 그리고 연고나 샴푸제 등을 만들어 사용하는 경우가 있다.

1 흡입법

흡입법은 아로마향이 흡입을 통해 후각신경을 타고 대뇌변역계(limbic system)로 직접신호가 전달되는 것을 말한다. 따라서 감정과 기억을 관장하고 호르몬 중추역할을 하는 대뇌변연계가 자극되어 정서적 안정을 찾고 호르몬 분비가 활성화되어 신체기능이 균형을 잡는다. 따라서 두피관리 실내에 향을 피우게 되면 시너지 효과를 볼 수 있다.

① 램프확산법
② 스프레이분사법
③ 건식흡입법

램프확산법

흡입법

[그림 12-2 ➤ 흡입법]

❷ 마사지

마사지를 통해 촉각센서를 자극함으로써 대뇌의 엔도르핀(Endorphin)을 촉진시키고, 시술자와 고객 간의 정신적 신뢰감을 강화하고 정신적 스트레스의 해소효과도 탁월하다.

마사지를 통한 혈액 림프순환의 활성화효과로 면역력이 증대해 두피관리 시에도 많이 쓰인다.

[그림 12-3 ➤ 마사지]

3 목욕법

마사지를 통해 피부로 정유가 흡수되는 경로와 증기 흡입으로 뇌와 폐로 정유가 침투하는 모든 경로를 동시에 할 수 있는 방법으로 목욕법이 있다. 두피관리 시에 홈케어법으로 추천되며, 혈액순환을 촉진시켜 모낭에 산소와 영양분의 공급으로 탈모를 예방할 수 있다.

1㎖ : 20방울

케리어(베이스)오일 100㎖에 3%의 비율로 희석한다.
100㎖는 방울로 환산하면 100×20=2,000방울
이것을 3% 비율로 환산하면 2,000방울×0.03=60방울
에센셜 오일은 60방울을 사용한다.

아로마 오일의 블랜딩 기준

유럽에서는 대개 얼굴용에 1~3%, 신체용에 2~5% 정도로 아로마 오일을 희석하여 사용한다.
우리는 서양인보다 피부가 민감하기 때문에 얼굴용에 1~2%, 신체용에 2~3%로 하는 것이 좋다.

Base oil	E.O.	퍼센트
100㎖	60 방울	3%
	40 방울	2%
	20 방울	1%
25㎖	15 방울	3%
	10 방울	2%
	5 방울	1%
5㎖	3 방울	3%
	2 방울	2%
	1 방울	1%

아로마를 이용한 모발관리

① 상담과 모발진단기를 이용한 두피와 모발 상태 분석한다.
② 적당한 아로마정유와 케리어 오일을 이용해 두피마사지를 한다.
③ 두피타입에 적합한 샴푸로 세정한다.
④ 스팀베포라이져(steam vaporizer)를 이용해 외부의 오염물질과 노화된 두피의 각질 제거해 모공을 열어 수분공급을 시켜준다.

아로마 오일이 두피에 미치는 영향

① 림프순환을 촉진시켜 독성물질의 축적을 막아준다.
② 혈액순환을 도와 진피층, 모유두에 산소와 영양분 공급을 원활하게 한다.
③ 모낭에 산소와 영양을 공급하여 세포분열을 활성화시킴으로 탈모를 예방하고 모발의 손상을 개선시킨다.
④ 신진대사를 원활하게 하여 노폐물의 배출을 도와 두피를 청결하게 해준다.
⑤ 에센셜 오일의 살균효과 및 인체호르몬 기능 조절작용 등을 통하여 건강한 두피, 모발을 돕는다.

아로마를 이용한 헤어제품 만들기

1 아로마 샴푸 만드는 법

1) 정상모

호호바오일 3ml+샴푸 200ml+팔마로사 8방울+사이프러스 3방울+
라벤더 5방울+로즈마리 4방울

2) 지성모

호호바오일 3ml+샴푸 200 ml+버가못 10방울+사이프러스 4방울 +로즈마리 3방울+라벤더 3방울

3) 건성모

호호바오일 3ml +샴푸 200ml +샌달우드 8방울+제라니움 6방울 +라벤더 3방울

4) 손상모

호호바 오일 3ml +샴푸 200ml +샌달우드 8방울+팔마로사 5방울 +카모마일 3방울+라벤더 4방울

2 아로마 Scalp(Hair) Spray 만드는 법

1) 정상모

미네랄워터 100ml+호호바오일 1ml+팔마로사 3방울+페퍼민트 3방울 +로즈마리 3방울

2) 지성모

미네랄워터 100ml +호호바오일 1ml+오렌지 4방울+로즈마리 4방울 +라벤더 4방울

3) 건성모

미네랄워터 100ml+호호바오일 1ml+제라니움 3방울+일랑일랑 4방울 +로즈웃드 3방울

4) 손상모

미네랄워터 100ml +호호바오일 1ml +레몬니움 3방울+라벤더 3방울 +사이프러스 3방울+일랑일랑 2방울

※ 보관방법
1회에 7~10일 정도 사용분량을 제조하여 기간 내 사용하며 냉장 보관하도록 한다.

3 두피 증상에 맞는 아로마 트리트먼트

1) 정상두피

호호바오일 30ml+라벤더 10방울+제라니움 4방울+일랑일랑 4방울
➜ 3%의 희석이 바람직

2) 지성두피

호호바오일 30ml+버가못 8방울(또는 오렌지, 레몬)+티트리 4방울+페퍼민트 4방울
➜ 3%의 희석이 바람직

3) 건성두피

호호바오일 30ml+티트리 8방울+로즈마리 5방울+후라킨센스 5방울
➜ 2%의 희석이 바람직

4) 비듬성두피

호호바오일 30ml +티트리 8방울+로즈마리 5방울+클라리세지 5방울
➜ 3%의 희석이 바람직

5) 민감성 두피

호호바오일 30ml+샌달우드 2방울+카모마일 2방울

+라벤더 2방울(총 6방울 0.5~1%의 희석이 됨)

➜ 1%의 희석이 바람직

6) 탈모성 두피

호호바오일 30ml+라벤더 8방울+로즈마리 6방울+시더우드 4방울

➜ 3%의 희석이 바람직

아로마 에센셜 오일 사용 시 주의사항

① 몸이 상태가 좋지 않을 경우 주의한다.
② 성분을 파악하고 반드시 정해진 용량을 시킨다.
③ 희석하지 않고 원액 그대로 피부에 사용하지 않는다.
④ 민감성인 경우나 예민성 피부일 경우는 반드시 사용 전에 패치테스트를 한다.
⑤ 복용은 절대 금한다.
⑥ 감광작용이 있는 오일은 낮에 금한다.
⑦ 눈 주위 닿지 않도록 주의한다.
⑧ 임산부와 3세 이하 어린이는 사용을 금하거나 주의한다.
⑨ 아로마 오일은 빛과 열에 약하므로 차광병(갈색병)에 넣어 서늘한 곳에 보관한다.
⑩ 심한 홍반이나 진물 등 피부병변이 있을 때에는 의사와의 상담을 권한다.
⑪ 개봉 후 1년 이내에 사용하도록 한다.

주의사항

- 아로마블랜딩 오일로 Scalp Massage를 할 경우 샴푸 전에 행한다. 머리가 젖어 있으면 오일을 거부하는 성질이 있기 때문이다.
- 아로마 오일을 두피 전체에 골고루 흡수시켜 가볍게 마사지한 후에 따뜻하게 젖은 타월을 둘러 10~15분 정도 정유의 성분을 흡수시킨다.

직무능력평가서[3차]

담당교수		교과목명	두피모발관리
학 번		능력단위명 (능력단위코드)	두피모발관리
이 름			(1201010112_16v3)
평가일자			

영역 (능력단위요소)	평가내용(수행준거)	평가구분		판정	
		과정 평가	결과 평가	Y	N
두피·모발관리 준비하기 (1201010112_16v3.1)	1.1. 두피·모발 상태 진단에 필요한 기기와 도구를 준비할 수 있다.				
	1.2. 문진, 시진, 촉진, 검진을 통해 고객의 두피·모발 상태를 분석할 수 있다.				
	1.3. 두피 유형에 따라 관리방법을 선택할 수 있다.				
	1.4. 모발 상태에 따라 관리방법을 선택할 수 있다.				
	1.5. 차후 방문 시 시술에 반영할 수 있도록 두피·모발 분석카드를 작성할 수 있다.				
두피관리하기 (1201010112_16v3.2)	2.1. 두피 유형에 따라 샴푸제를 선정하여 시술할 수 있다.				
	2.2. 두피 유형에 따라 스케일링 제품을 선정하여 시술할 수 있다.				
	2.3. 두피 스케일링 효과를 높이고 두피의 혈액순환을 돕기 위해 두피 메뉴얼 테크닉을 할 수 있다.				
	2.4. 영양공급과 유 · 수분 균형 조절을 위해 팩과 앰플을 사용할 수 있다.				
	2.5. 두피관리에 필요한 기기와 기구를 선택하여 사용할 수 있다.				

영역(능력단위요소)	평가내용(수행준거)	평가구분		판정	
		과정평가	결과평가	Y	N
모발관리하기 (1201010112_16v3.3)	3.1. 모발 상태와 관리방법에 따라 샴푸제를 선정하여 시술할 수 있다.				
	3.2. 모발 상태와 관리방법에 따라 관리제품을 도포한 후 핸들링할 수 있다.				
	3.3. 영양공급과 유·수분 균형 조절을 위해 팩과 앰플을 사용할 수 있다.				
	3.4. 모발관리에 필요한 기기와 기구를 선택하여 사용할 수 있다.				
두피·모발관리 마무리하기 (1201010112_16v3.4)	4.1. 두피·모발 진단기를 사용하여 시술 전·후의 변화를 비교하여 고객에게 설명할 수 있다.				
	4.2. 두피·모발 상태에 따라 관리에 적합한 제품을 사용하여 마무리할 수 있다.				
	4.3. 관리 종료 후 헤어스타일을 연출하여 마무리할 수 있다.				
	4.4. 건강한 두피·모발상태 유지를 위한 관리법을 고객에게 설명할 수 있다.				
소계				점	

영역(능력단위요소)	평가내용(K/S/A/T 포함 자율평가)	평가점수
두피·모발관리 준비하기		
두피관리하기		
모발관리하기		
두피·모발관리 마무리하기		
합 계	%	점

평가결과서

담당교수		교과목명	두피모발관리
학 번			두피모발관리
이 름		능력단위명 (능력단위코드)	(1201010112_16v3)
평가일자			

	구 분	배점	점 수	환산점수	비 고
종합 평가 점수	출석평가	20			
	직무능력평가 1차	30			
	직무능력평가 2차	30			
	직무능력평가 3차	20			
	재평가 지침	–	–		향상교육 이후
	합 계	100%			

성취수준 판정				
판정결과	성취수준		성취결과	
종합의견				

	성취수준	수행정도	평가점수 (예시)
판정기준	5	해당 지식과 기술을 확실하게 습득하여 직무수행에 필요한 기술적 사고력과 문제 해결력을 토대로 주도적으로 완벽한 작업을 수행 할 수 있다.	90 ~ 100
	4	해당 지식과 기술을 습득하여 직무수행에 필요한 기술적 사고력과 문제 해결력을 토대로 작업을 수행할 수 있다.	80 ~ 90
	3	해당 지식과 기술을 대부분 습득하여 직무수행에 필요한 지식과 기술을 가지고 대부분의 작업을 수행할 수 있다.	70 ~ 79
	2	해당 지식과 기술을 부분적으로 습득하여 직무수행에 필요한 지식과 기술을 가지고 타인과 공동으로 작업을 수행할 수 있다.	60 ~ 69
	1	해당 지식과 기술을 습득하는데 부족함이 있어 타인의 도움을 받아야만 작업을 수행할 수 있다.	59 이하

CHAPTER

13 [16주 향상/심화학습]

심화학습

참고문헌

두피 & 탈모관리학, 리그라인, 조성일 외 1인
두피모발관리학, 구민사, 김주섭 외 5인
두피&탈모관리, 동명사, 장수만 외 7인
두피모발관리방법론, 대경, 김영숙

저자약력

- 이은진
  디제노디에스대표
  여주대학교 뷰티미용과 겸임교수
  건국대학교 산업대학원 향장학 석사

- 유세은
  여주대학교 뷰티미용과 교수
  건국대학교 미생물공학전공 이학박사
  이용장, 미용장

National Competency Standards **NCS**
http://www.ncs.go.kr

헤어미용 직무능력표준 학습모듈

기본 **두피모발관리** 실습서

초판 인쇄	2016년 4월 11일
초판 1쇄 발행	2016년 4월 15일
초판 2쇄 발행	2017년 3월 2일
초판 3쇄 발행	2017년 9월 15일
초판 4쇄 발행	2022년 3월 15일

저자	이은진·유세은
발행인	**조규백**
발행처	도서출판 **구민사** (07293) 서울특별시 영등포구 문래북로 116, 604호(문래동3가 46, 트리플렉스)
전화	(02) 701-7421(~2)
팩스	(02) 3273-9642
홈페이지	www.kuhminsa.co.kr
신고번호	제2012-000055호 (1980년 2월 4일)
ISBN	979-11-5813-227-9 [13590]
값	**12,000원**

※ 낙장 및 파본은 구입하신 서점에서 바꿔드립니다.

※ 본서를 허락없이 부분 또는 전부를 무단복제, 게재행위는 저작권법에 저촉됩니다.